»Good Night, Malaysian 370«

Katastrophenflug MH 370: Die Fakten

MAVENPRESS®

MavenPress®
Große Str. 12
24937 Flensburg
www.MavenPress.de

2. Auflage 2015

Umschlaggestaltung: G&U Language & Publishing Services GmbH, Flensburg
unter Verwendung eines Fotos ©iStock.com/Michal Boubin
Übersetzung und Bearbeitung: Stefan Kürpick
Fachlektorat: Volkmar Gronau
Gesamtherstellung: G&U Language & Publishing Services GmbH

ISBN 978-3-941719-12-5

Martin Herbert

Inhaltsverzeichnis

Teil 1

Einleitung

Das Verschwinden von Flug MH370 im März 2014 ist eines der größten Rätsel der Luftfahrtgeschichte. Was wirklich an Bord geschah, ist bis heute ungeklärt. In dem Zeitraum von weit mehr als einem Jahr seit diesem Vorfall sind die verschiedensten Vermutungen und Theorien aufgestellt worden, von plausiblen Erklärungen wie etwa einem Brand oder einem Mitnahmesuizid des Piloten (vgl. Germanwings-Flug 9525) bis hin zu absurden Fantastereien, in denen Illuminaten und Außerirdische eine Rolle spielen.

Der Fund eines Wrackteils auf der Insel La Réunion Ende Juli 2015 hat das Schicksal von MH370 wieder in den Brennpunkt gerückt. Es ist jedoch nach wie vor nicht klar, was sich auf dem Unglücksflug ereignet hat. Auch das geborgene Trümmerstück wird nicht so schnell Aufklärung bringen. Allerdings bietet der Fund wiederum neuen Nährboden für Spekulationen.

Um bei all den vorgebrachten Theorien die Spreu vom Weizen trennen und mitreden zu können, ist es wichtig, sich mit den Fakten vertraut zu machen. Im März 2015 legte die Kommission, die mit der Untersuchung des Unglücks betraut war, einen offiziellen Zwischenbericht vor. Das Werk umfasst knapp 600 Seiten, ist in englischer Sprache verfasst und wendet sich an Fachleute und nicht an interessierte Laien. Für Nichtexperten ist es ein zweifelhaftes Vergnügen, sich durch diesen Wust an zumeist technischen Informationen zu quälen.

Wir haben diese Arbeit für Sie auf uns genommen. Was Sie im Folgenden lesen, orientiert sich am offiziellen Zwischenbericht, ist in einen verständlichen chronologischen Zusammenhang gebracht, kommentiert und ergänzt. Von besonderem Interesse sind dabei auch die Protokolle des Funkverkehrs zwischen MH370, der Flugsicherung in Kuala Lumpur und Ho-Chi-Minh-Stadt sowie dem Betriebszentrum von Malaysian Operations.

Bücher über MH370 gibt es einige. Meistens versuchen die Autoren darin, verschiedene (meistens ziemlich abenteuerliche) Theorien zu diskutieren oder ihre eigene Lieblingstheorie als die allein selig machende Wahrheit zu verkaufen. In diesem Buch finden Sie keine Theorien über die Ursachen des Verschwindens von MH370, sondern die Fakten. Welche Schlüsse Sie daraus ziehen, wie Sie in diesem Licht die weit verbreiteten Theorien betrachten, ist Ihre Sache. Bis heute weiß niemand, was geschehen ist. Niemand kann Ihnen eine Antwort geben. Wir wollen Ihnen nicht vorgaukeln, dass wir die Antwort kennen. Stattdessen wollen wir Ihnen das Rüstzeug an die Hand geben, um sich ein eigenes Bild zu machen und selbst zu urteilen.

Quellen:

Der Text von Teil II und III (Kap. 1 bis 6) folgt in Auszügen folgendem Werk:

The Malaysian ICAO Annex 13 Safety Investigation Team for MH370: *Factual Information – Information Safety Investigation for MH370*, Verkehrsministerium von Malaysia, 8. März 2015.

Weitere Literatur:

Samir Kohli: *Into Oblivion: Understanding MH370*, herausgegeben von Pranav Kohli.

John Choisser: *MH370 Lost in the Dark: In Defense of the Pilots*

Teil 2

Der Ablauf

1 Vom Start bis zum Verschwinden

Am 8. März 2014 um 0:42 Uhr (7. März, 16:42 UTC)[1], brach der Malaysian-Airlines-Flug (MAS) MH370, ein Linienflug nach Peking, von Piste 32R des internationalen Flughafens Kuala Lumpur (KLIA) mit insgesamt 239 Personen an Bord auf (227 Passagiere und 12 Crewmitglieder). Bei dem Flugzeug handelte es sich um eine Boeing 777-200ER mit der Registrierungsnummer 9M-MRO.

Der Kapitän hatte sich am 7. März um 22:50 Uhr zum Dienst gemeldet, 25 Minuten später gefolgt vom Ersten Offizier. Das Abfertigungszentrum von MAS (Operations Dispatch Centre, ODC) gab den Flug um ca. 23:15 Uhr frei.

Der Kapitän, ein zugelassener Prüfer für die Zivilluftfahrtbehörde von Malaysia, führte eine Umschulung des Ersten Offiziers durch, der vom Airbus A330 auf den Flugzeugtyp Boeing 777 wechseln sollte.

Für den Flug forderte der Kapitän 49.100 kg Treibstoff an, die einschließlich Reserven eine Reisedauer von 7 Stunden 31 Minuten ermöglichten. Die geplante Flugdauer betrug 5 Stunden 34 Minuten.

Die ACARS-Datenverbindung über Satellit wurde um 23:54 Uhr (15:54 Uhr UTC wie in den folgenden Ausschnitten angegeben) hergestellt, und um 23:56 Uhr gab die Crew die Fluginformation (FI) MH0370 und die Flugzeugnummer (AN) 9M-MRO ein.

---

1 *Im Funksprechverkehr sind alle Zeitangaben auf UTC (Coordinated Universal Time, identisch mit der Zeitzone von Greenwich) bezogen. Um ein anschaulicheres Bild von der Situation zu vermitteln, erfolgen die Zeitangaben in diesem Buch in malaysischer Ortszeit.*

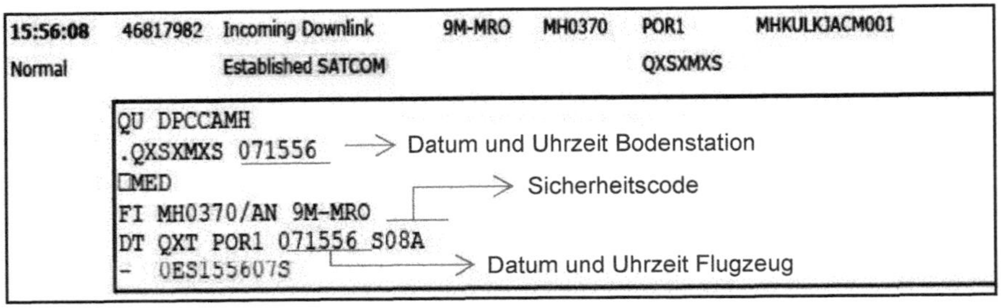

Abbildung 1.1: Die ACARS-Datenverbindung über Satellit ist hergestellt

ACARS (Aircraft Communications Addressing and Reporting Systems) ist ein digitales Datenübermittlungssystem, das die Übertragung von Flugplan- und Wartungsdaten zwischen dem Flugzeug und dem Boden über Funk koordiniert.

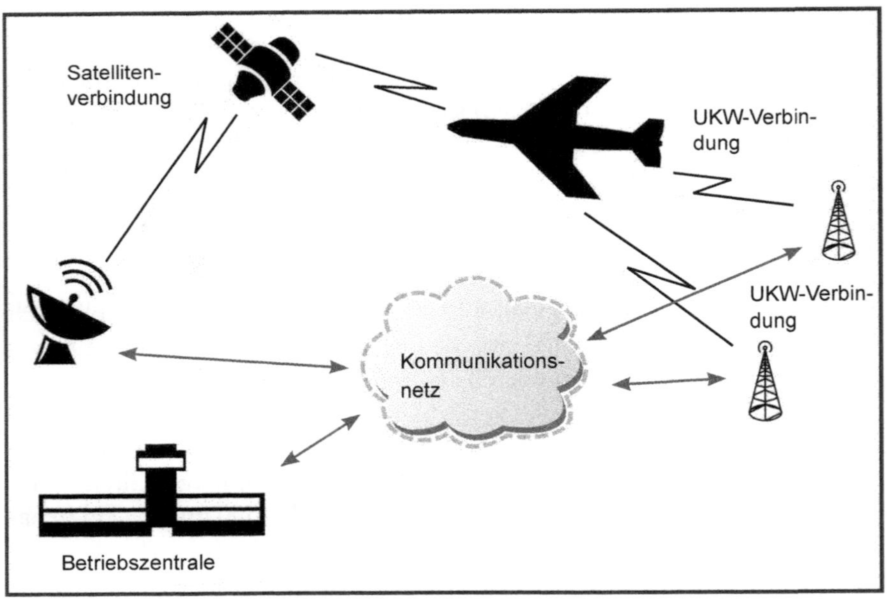

Abbildung 1.2: Funktionsweise von ACARS

ACARS ist auch in interaktive Anzeigen im Cockpit eingebunden, über die die Crew technische Meldungen und Berichte senden und empfangen kann, z. B. Anforderungen von Wetterberichten oder Informationen über Anschlussflüge.

Die ACARS-Kommunikation erfolgt über eine Satelliten- oder eine UKW-Verbindung. Das UKW-Sende- und -Empfangsgerät kann auch für eine Sprechverbindung genutzt werden. Dazu muss das ACARS vom Daten- in den Sprechmodus geschaltet werden.

Das Flugzeug war mit einem Terminal zur Satellitenkommunikation (SATCOM) ausgestattet, das auf das Inmarsat-System zurückgriff. Die Anordnung der Inmarsat-Satelliten erlaubt eine nahezu weltweite Abdeckung, mit Ausnahme der Polargebiete. Die Satellitenverbindung ist für Audio- und Textkommunikation, ACARS-Daten und die Anbindung des Bordunterhaltungsprogramms da.

Hat die Bodenstation eine Stunde lang nichts vom Flugzeug gehört, sendet sie auf der Standardfrequenz automatisch eine Anmelde/Abmelde-Nachricht (»Ping«) mit der Kennung des Flugzeugs. Das Flugzeug antwortet darauf mit der kurzen Meldung, dass es immer noch angemeldet ist. Sowohl die Erstanmeldung als auch der stündliche Ping werden als »Handshake« (wörtlich: »Händeschütteln«) bezeichnet.

Abbildung 1.3: Funkfrequenzeinheit, Satellitendateneinheit und Hochleistungsverstärker des SATCOM-Systems

Während des Fluges kommunizierte MH370 über den Satelliten I-3 der Region Indischer Ozean (IOR) und mit der Bodenstation im australischen Perth.

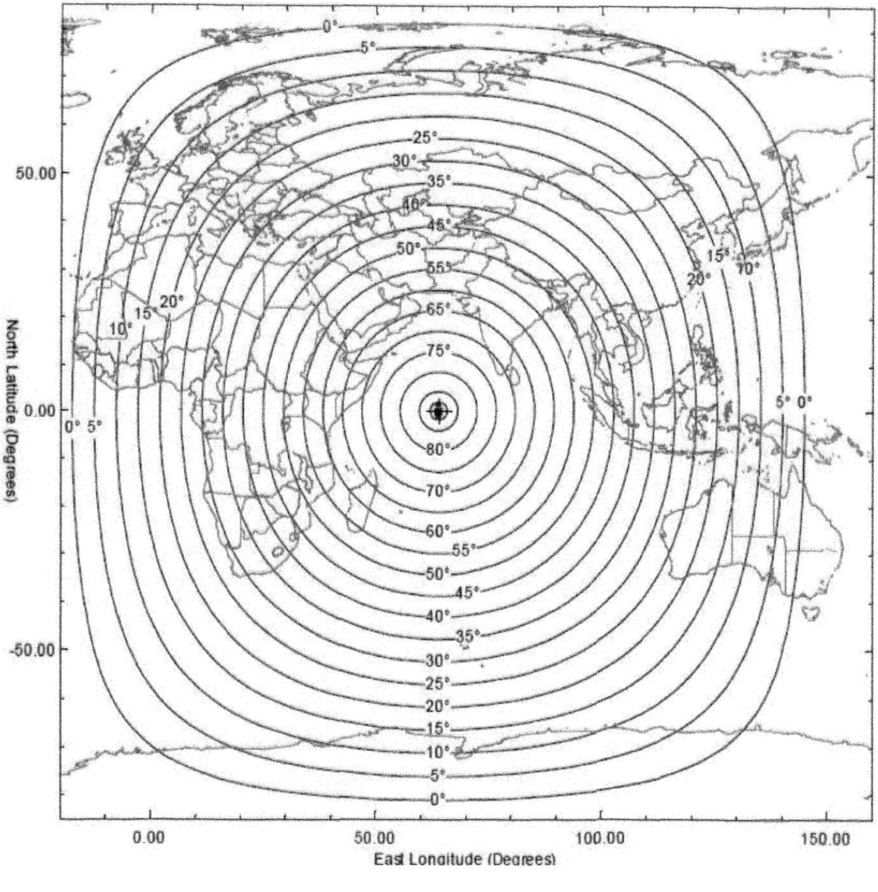

Abbildung 1.4: Abdeckung des Inmarsat-Satelliten I-3. Die Linien geben die ungefähren Höhenwinkel an, die eine SATCOM-Einheit am Boden oder in der Luft einnehmen muss, um den IOR-Satelliten zu erreichen.

Um 0:06 Uhr wurde eine Benachrichtigung an die Crew (Notice to Crew, NOTOC) direkt an den Drucker im Flugzeug gesendet und von der Besatzung ausgedruckt. Darin wurde mitgeteilt, dass eine Ladung von insgesamt 4566 kg Mangostanen an Bord gebracht worden war. (Mehr über die Fracht erfahren Sie in Kapitel 6.) Zusätzlich war die Erklärung angegeben: »Es gibt keinen Hinweis darauf, dass an dieser Station beschädigte oder leckende Pakete mit gefährlichen Gütern in das Flugzeug verladen wurden.«

```
16:06:15   46818160   Outgoing Uplink   9M-MRO   MH0370   MHKULKIACM001   071606   AGM   RELAY
Uplink Sent           AGM NOTOC Uplink B777 -- AGM NOTOC Uplink B77 QXSXMXS

QU QXSXMXS
.DPCCAMH 071606
□AGM
AN 9M-MRO/FI MH0370/MA 989I
-
NOTOC MESSAGE
SPECIAL LOAD NOTOC

FLIGHT    DATE        EDNO
MH 0370 /08  08MAR14   01
FROM/TO  AC/REG
KULPEK   9M-MRO

OTHER SPECIAL LOAD

TO  POS PCS QTY/TI IMP
DESCRIPTION
PEK 41L 001 1128KG PER
MANGOSTEEN

PEK 41R 001 1152KG PER
MANGOSTEEN

PEK 43L 001 1148KG PER
MANGOSTEEN

PEK 44L 001 1138KG PER
MANGOSTEEN

THERE IS NO EVIDENCE
THAT ANY DAMAGED OR
LEAKING PACKAGES
CONTAINING DANGEROUS
GOODS HAVE BEEN LOADED
ON THE AIRCRAFT AT THIS
STATION.

END ACARS NOTOC
```

Abbildung 1.5: NOTOC-Meldung im ACARS

Der endgültige Ladeschein wurde wenige Sekunden später ebenfalls direkt an den Drucker im Flugzeug gesendet und ausgegeben und vom Piloten bestätigt.

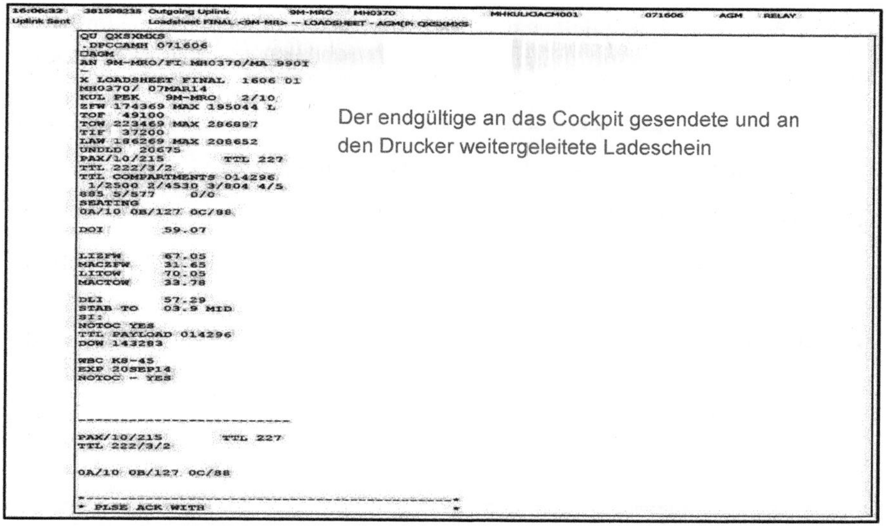

```
16:06:32   381598235 Outgoing Uplink        9M-MRO   MH0370          MHKULKJACM001          071606    AGM   RELAY
Uplink Sent          Loadsheet FINAL <9M-MR> -- LOADSHEET - AGM(P: QXSXMXS

QU QXSXMXS
.DPCCAMH 071606
AGM
AN 9M-MRO/FI MH0370/MA 990I
-
X LOADSHEET FINAL  1606 01
MH0370/ 07MAR14
KUL PEK    9M-MRO    2/10
ZFW 174369 MAX 195044 L
TOF  49100
TOW 223469 MAX 286897
TIF  37200
LAW 186269 MAX 208652
UNDLD  20675
PAX/10/215          TTL 227
TTL 222/3/2
TTL COMPARTMENTS 014296
 1/2500 2/4530 3/804 4/5
885 5/577      0/0
SEATING
0A/10 0B/127 0C/88

DOI         59.07


LIZFW       67.05
MACZFW      31.65
LITOW       70.05
MACTOW      33.78

DLI         57.29
STAB TO     03.9 MID
SI:
NOTOC YES
TTL PAYLOAD 014296
DOW 143283

WBC K8-45
EXP 20SEP14
NOTOC - YES



-------------------------

PAX/10/215          TTL 227
TTL 222/3/2


0A/10 0B/127 0C/88


*-----------------------------------------------*
* PLSE ACK WITH                                 *
```

Der endgültige an das Cockpit gesendete und an den Drucker weitergeleitete Ladeschein

Abbildung 1.6: Der endgültige Ladeschein ...

```
16:09:29   46818215 Outgoing Downlink   9M-MRO   MH0370   IOR2   MHKULKJACM001   071609   EMAILCNX
Ground Sent          B777 Final Loadsheet Acknowledgement -- B777 LS  mtb01mh@malaysiaairlines.com

***FINAL LOADSHEET ACKNOWLEDGEMENT from PILOT*****
AIRCRAFT REGISTRATION       : 9M-MRO
Flight No                   : MH0370
Date                        : 07-03-2014
Time                        : 16:09 UTC
Departure Station           : KUL(WMKK)
Acknowledgement From Pilot  : LS FINAL OK

PIC License No              :
751 KUL


*****************END of MESSAGE*******************
```

Bestätigung des Piloten, dass er den Ladeschein in lesbarer Form erhalten hat

Abbildung 1.7: ... und seine Bestätigung

Noch auf dem Flughafen Kuala Lumpur erfolgte um 0:25 Uhr die Routinekommunikation zwischen MH370 und der Abfertigung (Lumpur Delivery).

MH370: »Delivery, Malaysian 370, guten Morgen.«

Lumpur Delivery: » Malaysian 370, bitte Flugfläche anfordern.«

MH370: »Malaysian 370, fertig, erbitten Flugfläche 350 nach Peking.«

Lumpur Delivery: »Malaysian 370, Sie haben Freigabe nach Peking über [Abflugroute] Pibos Alpha, 6000 Fuß, Transponder 2157.«

MH370: »Peking, Pibos Alpha, 6000 Fuß, Transponder 2157, Malaysian 370, vielen Dank.«

Bei Pibos Alpha handelt es sich um eine Standardabflugroute (Standard Instrument Departure, SID), über die sich das Flugzeug nach dem Start zu der vorgesehenen Luftstraße bewegt. Die »Flugfläche« 350 bedeutet eine Höhe von 35.000 Fuß, also etwa 10.700 m.

Der Transponder eines Flugzeugs übermittelt Daten an den Boden. Damit zu erkennen ist, von welchem Flugzeug die Signale jeweils stammen, wird jeder Maschine ein vierstelliger Zahlencode zugeordnet, den die Piloten am Transponder einstellen. Es gibt auch besondere Codes, die die Crew eingeben kann, um die Flugsicherung über Notfälle zu informieren, etwa 7600 für Funkausfall oder 7500 für eine Entführung. Auch ohne Funk wäre also eine rudimentäre Kommunikation möglich.

Lumpur Delivery: »Malaysian 370, wir übergeben Sie an die Bodenkontrolle.«

MH370: »Schönen Tag, Sir.«

Lumpur Delivery: »Schönen Tag.«

MH370 kontaktiert nun die Bodenkontrolle Kuala Lumpur (Ground).

MH370: »Ground, Malaysian 370, guten Morgen. Charlie 1, erbitten Pushback und Anlassen.«

Beim »Pushback« handelt es sich um das Zurücksetzen des Flugzeugs vom Terminal, das mithilfe eines Bodenfahrzeugs durchgeführt wird. Charlie 1 bezeichnet die aktuelle Position des Flugzeugs am Terminal.

Lumpur Ground: »Lumpur Ground, guten Morgen, Pushback und Anlassen genehmigt, Piste 32R, Verlassen über Sierra 4.«

Die Nummerierung der Pisten auf einem Flughafen gibt ihre ungefähre Lage an. Piste 32R verläuft in einem Winkel von 320° zur Nordrichtung, also nord-nordwestlich. Mit den Buchstaben R und L wird zwischen der rechten und der linken Piste unterschieden, wenn es Parallelbahnen gibt.

MH370: »Pushback und Start genehmigt, 32R, Verlassen über Sierra 4, POB 239 Mike Romeo Oscar.«

POB 239 bezeichnet hier die Anzahl der an Bord befindlichen Personen (Persons on Board) und MRO die Kennung des Luftfahrzeugs.

Lumpur Ground: »Verstanden.«

MH370: »Malaysian 370, erbitten Rollen.«

Lumpur Ground: »*xxxxx* rechts, Standardroute, halten Sie kurz vor Bravo.«

MH370: »Ah, Ground, Malaysian 370, können Sie nicht verstehen, bitte wiederholen.«

Lumpur Ground: »Malaysian 370, frei zum Rollen bis Rollhalt Alfa 1-1, Piste 32 rechts über Standardroute, halten Sie kurz vor Bravo.«

MH370: »Alfa 1-1, Standardroute, halten kurz vor Bravo, Malaysian 370.«

Lumpur Ground: »*xxx* 370 Tower *xxx xxx*.«

MH370: »1-1-8-8, Malaysian 370, vielen Dank.«

Die unkenntliche letzte Angabe von Lumpur Ground muss an Bord von MH370 verstanden worden sein, wie die bestätigende Antwort zeigt. Es handelt sich dabei um die Frequenz für die nachfolgende Kommunikation mit dem Tower (118,8 MHz). Dort meldete sich die Crew um 0:36 Uhr.

MH370: »Tower, Malaysian 370, guten Morgen.«

Lumpur Tower: »370, guten Morgen. Lumpur Tower, Alfa 1-0, 32R.«

MH370: »Alfa 1-0, Malaysian 370.«

Lumpur Tower: »370, Line-Up Piste 32R, Alfa 1-0.«

MH370: »Line-Up 32, Alfa 1-0, Malaysian 370.«

Lumpur Tower: »370, Start frei 32R, gute Nacht.«

MH370: »Start frei 32R, Malaysian 370, vielen Dank, tschüss.«

Um 0:42 Uhr spricht MH370 mit der Abflugradarstation von Kuala Lumpur auf 121,25 MHz.

MH370: »Abflug, Malaysian, ah, 370.«

Lumpur Radar: »Malaysian 370, *selamat pagi*, Sie sind identifiziert, steigen Sie auf Flugfläche 180, brechen Sie SID ab, drehen Sie nach rechts direkt nach IGARI.«

MH370: »Okay ... Fläche 180 direkt nach IGARI; Malaysian 1... ah ... 370.«

Die Anweisung bedeutet, dass MH370 nicht der üblichen Standardabflugroute folgen, sondern unmittelbar in die vorgesehene Luftstraße einschwenken sollte. Solche Entscheidungen kann die Flugsicherung aufgrund des tatsächlichen Verkehrsaufkommens treffen.

Inzwischen bereiteten die Flugsicherungen (Air Traffic Control Center, ATCC) in Kuala Lumpur (KL) und Ho-Chi-Minh-Stadt (HCM) die Übergabe vom malaysischen zum vietnamesischen Luftraum vor, die um 1:22 Uhr Ortszeit stattfinden sollte. Die Zeitangaben erfolgten jedoch in UTC, also 17:22 Uhr. Als Ort für die Übergabe war der »Wegepunkt« IGARI vorgesehen. Solche Wegepunkte sind in den meisten Fällen lediglich festgelegte Koordinaten, die mit willkürlichen fünfbuchstabigen Namen versehen sind. IGARI ist eine Position im Golf von Thailand.

Die Flugsicherung Kuala Lumpur ist für die Bereitstellung von Flugsicherungs-, Fluginformations- und Warndiensten für alle Flugzeuge innerhalb des Fluginformationsbereichs (FIR) Kuala Lumpur, des »freigegebenen Luftraums« auf der Route R208 und den »delegierten Luftraum« auf der Route M765 verantwortlich.

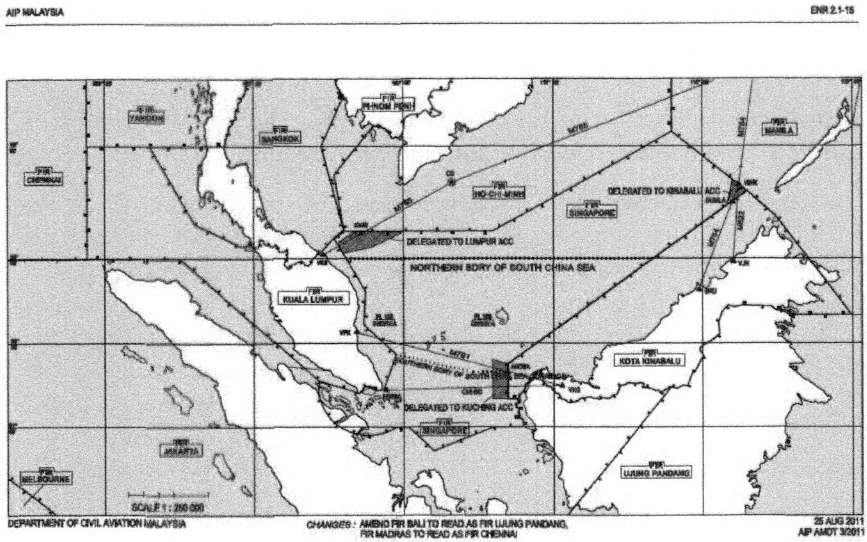

Abbildung 1.8: Von Singapur an Malaysia übergebener Luftraum

Die FIR Kuala Lumpur ist in sieben Sektoren gegliedert, die jeweils ihren eigenen Verantwortungsbereich abdecken. In den Sektoren 1 bis 5 tun jeweils ein Planer und ein Radarcontroller Dienst, die gemeinsam für die sichere, effiziente und ordnungsgemäße Durchführung der Luftverkehrs-, Fluginformations- und Warndienste in ihrem Sektor verantwortlich sind. Ihnen zur Seite steht ein AFD-Controller (Assistant Flight Data). Die Sektoren 6 und 7 sind nur mit jeweils einem Radarcontroller besetzt, die vom Planer und AFD-Controller des Sektors 1 bzw. 2 unterstützt werden.

Flug MH370 fiel in den Verantwortungsbereich von Sektor 3 und 5.

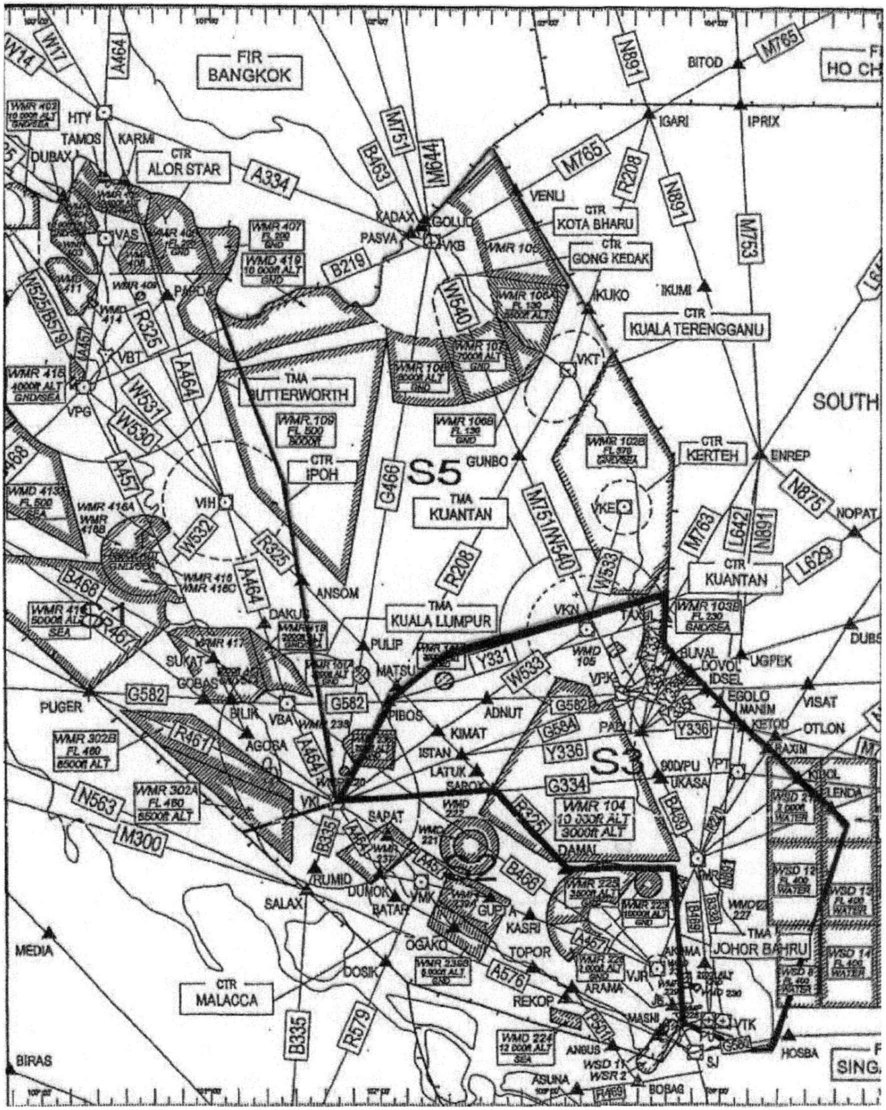

Abbildung 1.9: Verantwortungsbereiche der Sektoren 3 und 5

Am 7. März 2014 zwischen 19:00 und 24:00 Uhr waren die Sektoren 1 bis 5 mit je einem Radarcontroller, einem Planer und einem AFD-Controller besetzt und Sektor 6 mit einem Radarcontroller. In Sektor 7 tat niemand Dienst.

Zwischen 0:00 Uhr und 6:00 Uhr wurde die Anzahl der aktiv tätigen Fluglotsen reduziert, damit jeweils eine Hälfte der anwesenden Lotsen eine Pause einlegen konnte – die eine Gruppe zwischen 0:00 Uhr und 3:00 Uhr, die andere von 3:00 Uhr bis 6:00 Uhr. Dabei wurden die Sektoren 3 und 5 zusammengefasst und von einem Arbeitsplatz aus bedient. Hier taten ein Radar- und ein AFD-Controller Dienst. Die Verantwortung lag bei Sektor 3 und 5. Zwischen 0:00 Uhr und 2:00 Uhr übte der AFD-Controller von Sektor 3 und 5 die Pflichten des Planers aus.

Das Gespräch zur Übergabe zwischen Ho-Chi-Minh-Stadt und dem Planer in Kuala Lumpur (KL-P) begann um 0:43 Uhr.

HCM: »Hallo.«

KL-P: »*Kay*, Ho Chi Minh ... ah ... erwarten Sie Malaysian 370.«

HCM: »Fahren Sie fort.«

KL-P: »Okay, voraussichtlich IGARI 1-7-2-2, erbitten Flugfläche 350 und Transponder 2157.«

HCM: »2157, 350 ist genehmigt, 1722.«

KL-P: »Okay, verstanden, danke.«

Inzwischen ging die Kommunikation zwischen MH370 und Lumpur Radar weiter.

Lumpur Radar: »Malaysian 370, nehmen Sie Verbindung mit Lumpur Radar 1326 auf, gute Nacht.«

MH370: »Gute Nacht, 1326, Malaysian ... äh ... 370.«

1326 ist die Frequenz (132,6 MHz) für den Kontakt mit einer weiteren Radarstation von Kuala Lumpur, die MH370 auf dem nächsten Abschnitt betreuen sollte. Dort meldete sich MH370 um 0:46 Uhr.

MH370: »Lumpur Control, Malaysian ... ah ... 370.«

Lumpur Radar: »Malaysian 370, Lumpur Radar, guten Morgen. Steigen Sie auf Flugfläche 250.«

MH370: »Fläche 250, Malaysian ... ah ... 370.«

Drei Minuten später erhielt die Besatzung die Anweisung, den Steigflug von 7600 m Höhe (Flugfläche 250) auf 10.700 m Höhe (350) fortzusetzen.

Lumpur Radar: »Malaysian 370, steigen Sie auf Flugfläche 350.«

MH370: »Flugfläche 350, Malaysian ... ah ... 370.«

Der nächste Funkkontakt erfolgte um 1:01 Uhr.

MH370: »Malaysian ... ah ... 370, bleiben auf Flugfläche 350.«

Lumpur Radar: »Malaysian 370.«

Die Meldung wurde einige Minuten später wiederholt. Der nächste – und letzte Funkkontakt – mit MH370 erfolgte um 1:19 Uhr zur Übergabe an die Flugleitstelle in Ho-Chi-Minh-Stadt.

Lumpur Radar: »Malaysian 370, nehmen Sie Verbindung mit Ho Chi Minh 120,9 auf. Gute Nacht.«

MH370: »Gute Nacht, Malaysian 370.«

Ursprünglich war berichtet worden, dass die letzte Funkmeldung »All right, good night« gelautet hätte, was nicht den üblichen Formulierungen im Funkverkehr entspricht. Wie sich später herausstellte, war jedoch tatsächlich die gängige Formulierung aus Abschiedsgruß und Flugnummer (»Good night, Malaysian 370«) verwendet worden.

Von diesem Zeitpunkt an gab es keine Kommunikation mehr mit der Besatzung von MH370. Alle weiteren Hinweise und Informationen über das Flugzeug basieren auf den Daten verschiedener Radar- und Satellitensysteme.

Mit dem *Primärradar* erhält die Bodenstation ein Radarecho vom Flugzeug. Um eine Kommunikationsverbindung herzustellen, verwendet sie das *Sekundärradar*, das den Mode S-Transponder des Flugzeugs abfragt. Dieser reagiert darauf, indem er kodierte Informationen zurückgibt.

In der Zivilluftfahrt wird hauptsächlich Sekundärradar (Mode S) verwendet, da über das Transpondersignal auch Identifizierungsdaten an die Flugsicherung übermittelt werden. Daneben sendet ein Flugzeug über das sogenannte ADS-B-System (Automatic Dependent Surveillance Broadcast) Daten über Position, Flughöhe, Flugrichtung usw.

Primärradarsysteme sind dagegen vor allem beim Militär im Einsatz, da man schließlich mit gegnerischen Flugzeugen rechnen muss, deren Piloten nicht so nett sind, ihr Erscheinen über ein Transpondersignal anzukündigen.

Auf dem Radarschirm sieht der Fluglotse das Radarecho, die Höhenangabe und eine vierstellige Flugzeugkennung sowie erweiterte Überwachungsdaten wie Kurs, Geschwindigkeit (angezeigte Fluggeschwindigkeit, Machzahl und Fluggeschwindigkeit über Grund), Rollwinkel, gewählte Höhe, Kurs über Grund und vertikale Steigrate.

Auf Trackingwebsites wie *Flightradar24.com* können Sie die Bewegungen von Flugzeugen in Echtzeit verfolgen. Dabei werden auch einige der vom Transponder übertragenen Daten angezeigt.

Der Transponder reagiert auch auf Anfragen vom Verkehrsüberwachungs- und Kollisionsverhinderungssystem (Traffic Alert and Collision Avoidance System, TCAS) anderer Flugzeuge. Mode S-Transponder mit erweiterter Squitterfunktion senden auch die GPS-Position und Geschwindigkeitsdaten.

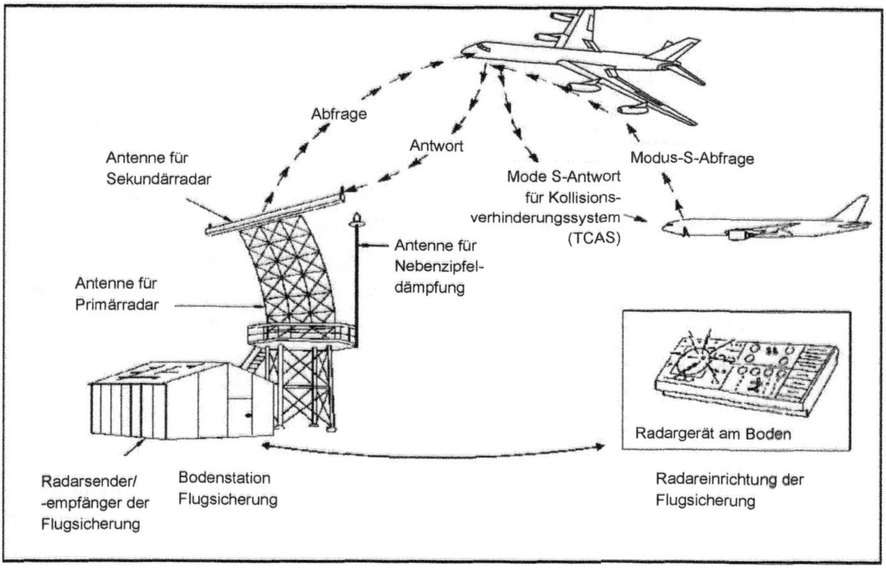

Abbildung 1.10: Die Funktionsweise des Transpondersystems

Dieses System kann ausgeschaltet werden, indem man die Sicherungen an der Deckenkonsole zieht oder den Transponderwahlschalter in die Stellung STBY versetzt.

Am 17. März 2014 zitierte CNBC den ehemaligen Generaldirektor der IATA (International Air Transport Association) im Zusammenhang mit dem Abschalten des Transponders wie folgt: »Es ist nicht einfach, das ist nichts, was Sie im Cockpit abschalten. Sie müssen einen Kasten mit einer besonderen Verschraubung öffnen, da hineinlangen und Kabel entfernen. Das Gerät lässt sich nicht einfach erkennen. Man muss schon ein Experte sein.« (*http://www.cnbc.com/2014/03/17/disabling-mh370-transponder-would-require-expert-ex-iata-chief.html*)

Entweder kann man Generaldirektor der internationalen Luftfahrtvereinigung werden, ohne auch nur den blassesten Schimmer von den technischen Einrichtungen auf einem Flugzeug zu haben, oder die Journalisten von CNBC haben die Aussage über ein völlig anderes Gerät (eventuell das ACARS) in einen falschen Zusammenhang gestellt. Für den Transponder gibt es im Cockpit einen ganz einfachen Schalter. Die Möglichkeit, den Transponder auf Knopfdruck auszuschalten, dient dazu, die Flugsicherung während der Startvorbereitungen nicht durch ein Übermaß an Transpondersignalen zu verwirren.

Radaraufzeichnungen zeigen, dass MH370 den Wegpunkt IGARI um 1:20:31 Uhr passierte. Das Transpondersymbol von MH370 verschwand um 1:20:36 Uhr vom Radarschirm. Das letzte Sekundärradar-Positionssymbol wurde um 1:21:13 Uhr von der Flugsicherung Kuala Lumpur aufgezeichnet.

Bis zu diesem Zeitpunkt arbeitete der Transponder des Flugzeugs einwandfrei. Von dem Flugzeug ging auch keine Meldung eines Systemfehlers ein.

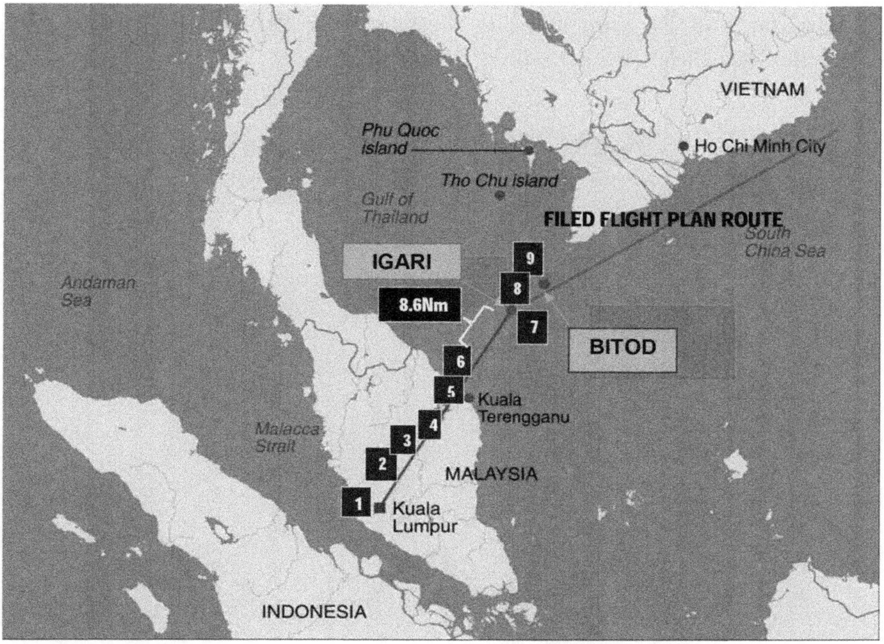

1	0:40 Uhr: Lumpur Tower erteilt die Startfreigabe. MH370 bricht um 0:42 Uhr auf.
2	0:43 Uhr: MH370 steigt auf Flugfläche 180.
3	0:47 Uhr: MH370 steigt auf Flugfläche 250.
4	0:50 Uhr: MH370 steigt auf Flugfläche 350.
5	1:01 Uhr: MH370 bleibt auf Flugfläche 350.
–	Um 1:07 Uhr meldet MH370 erneut, auf Flugfläche 350 zu bleiben.
6	1:19:26 Uhr: Die Flugsicherung Kuala Lumpur übergibt MH370 an die Flugsicherung Ho-Chi-Minh-Stadt. Das Flugzeug befindet sich 8,6 SM vor dem Wegpunkt IGARI. Um 1:19:30 Uhr bestätigt die Besatzung die Anweisung von Kuala Lumpur, Kontakt mit Ho-Chi-Minh-Stadt aufzunehmen, mit »Good night, Malaysian 370«.
7	1:20:31 Uhr: MH370 passiert den Wegpunkt IGARI
8	1:20:36 Uhr: Das Modus-S-Symbol von MH370 verschwindet.
9	1:21:13 Uhr, 3,2 SM hinter IGARI: Das Radarsignal von MH370 verschwindet.

Abbildung 1.11: Chronologischer Ablauf der Ereignisse

Militärradar und Radarquellen aus Vietnam und Thailand haben das Verschwinden des Ziels etwa zur selben Zeit erfasst.

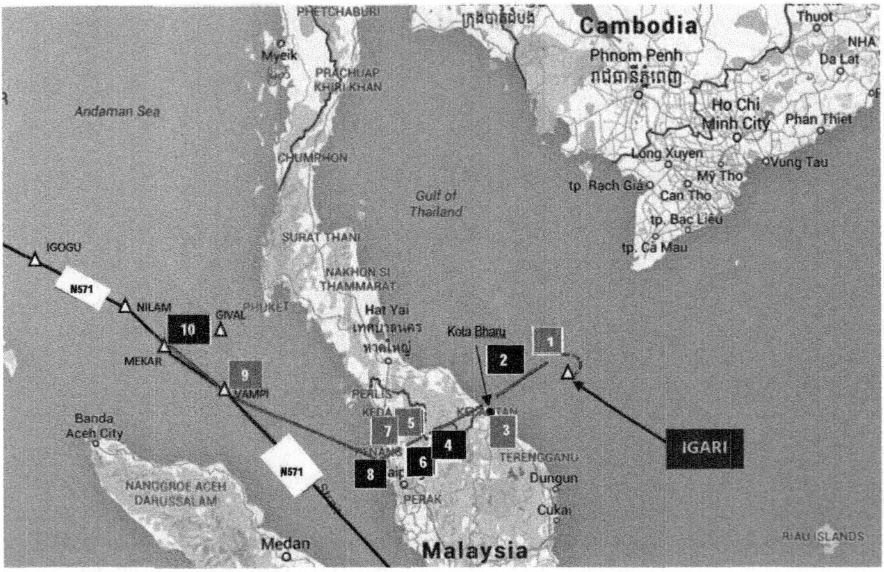

1	1:30 Uhr: Radarsignal P3362 erscheint.
2	1:37: Radarsignal P3362 übermittelt keine Daten mehr und verschwindet.
3	1:38 Uhr: Radarsignal P3401 erscheint.
4	1:44 Radarsignal P3401 übermittelt keine Daten mehr und verschwindet.
–	Informationsquelle: Militärradar
5	1:47 Uhr: Radarsignal P3415 erscheint.
6	1:48 Radarsignal P3415 übermittelt keine Daten mehr und verschwindet.
7	1:51 Uhr: Radarsignal P3426 erscheint.
8	1:52 Radarsignal P3426 übermittelt keine Daten mehr und verschwindet. Die letzte Position auf dem Radarschirm befand sich ca. 6 SM südlich von Penang.
9	Das Primärradarsignal (Militärradar) bewegt sich in westnordwestlicher Richtung und stößt am Wegpunkt VAMPI auf die Luftstraße N571, stößt dann aber zu einem Punkt 10 SM nördlich von MEKAR vor.
10	2:22 Uhr: Das Primärradarsignal verschwindet zehn Meilen hinter MEKAR.

Abbildung 1.12: Abweichung von der Route des hinterlegten Flugplans

Da beim Primärradar keine Identifizierungsdaten übermittelt werden, erhalten die Radarsignale zur Unterscheidung willkürliche laufende Nummern wie hier P3362 usw.

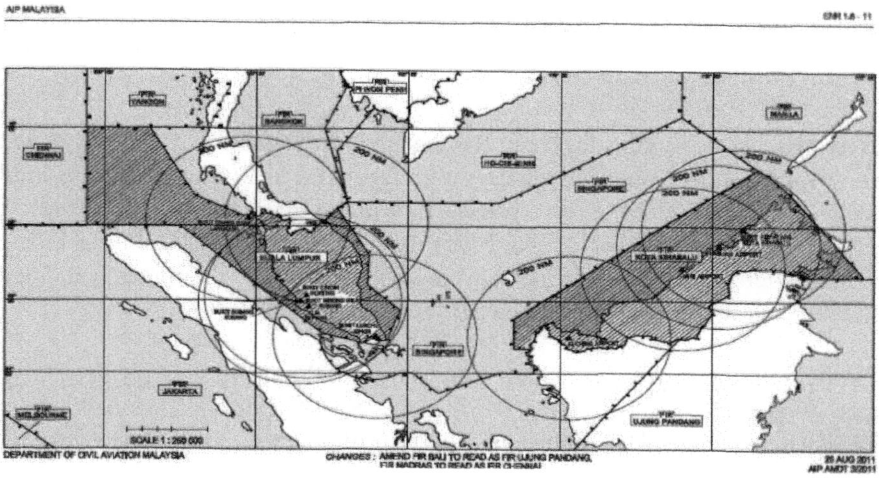

Abbildung 1.13: Karte der Radarabdeckung in den Fluginformationsregionen Kuala Lumpur und Kota Kinabalu

Die Daten des malaysischen Militärs bieten besonders ausführliche Details des Manövers, das als »Umkehr in der Luft« bezeichnet wurde.

Um 1:21 Uhr zeigt der Militärradar, dass sich MH370 nach rechts dreht, aber fast unmittelbar darauf eine konstante Linksdrehung in südwestliche Richtung durchführt.

Das Radarecho befand sich von 1:30 Uhr bis 1:35 Uhr auf Kurs 231° mit einer Geschwindigkeit von 496 Knoten (919 km/h) und einer ermittelten Höhe von 35.700 Fuß (10.800 m).

Um 1:36 Uhr war die Richtung 237°, wobei die Geschwindigkeit zwischen 494 und 525 Knoten und die Höhe zwischen 31.100 und 33.000 Fuß schwankte.

Um 1:39 Uhr wurde die Richtung 244° bei einer Geschwindigkeit von 529 Knoten und einer Höhe von 32.800 Fuß festgestellt.

Von 1:30 Uhr bis 1:44 Uhr hat auch der Anflugradar südlich der Piste des Flughafens Kota Bharu ein Primärsignal von einem Flugzeug aufgefasst. Auf dem Radarschirm der Flugsicherung Kuala Lumpur erschienen viermal Signale eines Flugzeugs und verschwanden wieder. Alle aufgezeichneten Primärsignale stimmen mit den Militärdaten überein, die der Untersuchungskommission zur Verfügung gestellt wurden.

Nachdem um 1:52 Uhr das letzte Radarecho vom Primärradar der Flugsicherung Kuala Lumpur verschwunden war, konnte das Militärradar das von ihm aufgefasste Echo noch weiterverfolgen. Es wurde um 1:52 Uhr knapp südlich der Inseln Penang beobachtet und befand sich unterwegs in Richtung Pulau Perak, einer kleinen Insel in der Straße von Malakka. Als Ankunftszeit über Pulau Perak wurde 2:02 Uhr festgehalten.

Die Verfolgung durch das Militär ging weiter, während es sich auf dem Weg zum Wegpunkt MEKAR auf der Luftstraße N571 befand. 10 Meilen hinter MEKAR verschwand das Echo um 2:22 Uhr plötzlich.

2 Erste Reaktionen ... oder auch nicht

Die erwartete Ankunftszeit von 1:22 Uhr über IGARI war von der Flugsicherung Kuala Lumpur der Flugsicherung Ho-Chi-Minh-Stadt mitgeteilt und von dieser bestätigt worden, wie es zwischen der malaysischen Luftfahrtbehörde und der vietnamesischen Luftverkehrsverwaltung vertraglich vereinbart ist.

Diese Vereinbarung besagt auch: »Die annehmende Stelle soll die übergebene Stelle informieren, wenn innerhalb von fünf (5) Minuten nach der erwarteten Ankunftszeit über dem Übergabepunkt keine Zwei-Wege-Kommunikation hergestellt werden kann.«

Das Handbuch für Luftverkehrsdienste befasst sich mit Maßnahmen bei Überfälligkeit eines Flugzeugs: »Wenn ein erwartetes Flugzeug keine Positionsmeldung gibt, dürfen Maßnahmen nicht später als ETA[1] am Meldepunkt plus 3 Minuten eingeleitet werden. [...] Die folgenden Maßnahmen müssen ergriffen werden: [...] Das Rettungskoordinationszentrum (RCC) über das Bestehen einer *Unsicherheitsphase* informieren. [...] Wenn Fluglotsen Grund zu der Annahme haben, dass ein Flugzeug verloren oder überfällig ist oder die Kommunikation ausgefallen ist, sollen sie: a. die entsprechenden Radarstellen (zivil und militärisch) über die Umstände informieren; b. diese Stellen auffordern, auf Notfallcodes in der Sekundärradaranzeige [...] zu achten.«

Nichts davon geschah. Erst um 1:39 Uhr fragte die Flugsicherung Ho-Chi-Minh-Stadt bei der Flugsicherung Kuala Lumpur nach neuen Informationen über MH370.

1 *Estimated Time of Arrival, »erwartete Ankunftszeit«*

KL-P: »Lumpur.«

HCM: »Irgendwelche Informationen über Malaysian 370, Sir?

KL-P: »Malaysian 370 wurde Ihnen bereits übergeben.«

HCM: »Ja, ja, ich weiß, zum Zeitpunkt 2-0, aber wir haben keinen ... sollten gerade Kontakt haben nach ... BITOD, wir haben keinen ... Radar hat ihn verloren, der andere hier, um identifizierte auf meinem Radar zu verfolgen.«

Das Englisch, das der vietnamesische Fluglotse spricht, ist nur schwer verständlich. Wahrscheinlich meint er den Sekundärradar, mit dem anhand ihrer Transpondersignale identifizierte Flugzeuge verfolgt werden können.

KL-P: »Okay, an welchem Punkt?

HCM: »Und wir haben jetzt keinen Kontakt.«

KL-P: »An welchem Punkt?

HCM: »Ja.«

KL-P: »An welchem Punkt?

HCM: »Ja.«

KL-P: »An welchem Punkt haben Sie den Kontakt verloren?

HCM: »BITODS.«

BITOD (und nicht etwa BITODS) ist ein Wegepunkt knapp hinter IGARI. An dieser Stelle verschwand das Radarsignal von MH370.

KL-P: »BITODS, ha?

HCM: »Ja.«

KL-P: »BITODS, okay ... ich rufe Sie zurück.«

Der Rückruf erfolgte zwei Minuten später.

HCM: »Ja?

KL-P: »Hallo, Ho Chi Minh.«

HCM: »Ja, Sir.«

KL-P: »Okay, Malaysian 370 hat uns hinter IGARI nicht mehr gerufen.«

HCM: »Äh, wie bitte?

KL-P: »Hat uns hinter IGARI nicht mehr angerufen.«

HCM: »Sie nie angerufen.«

KL-P: »Ja, ja, hinter IGARI haben wir es an Sie übergeben, und das Flugzeug hat sich nicht mehr bei mir gemeldet.«

In diesem Augenblick versuchte Lumpur Radar noch einmal Verbindung mit dem Flugzeug aufzunehmen. MH370 meldete sich nicht. Die Unterredung zwischen der Flugsicherung Kuala Lumpur und HCM ging inzwischen mit den üblichen Verständigungsschwierigkeiten weiter.

HCM: »Ja, wir haben Radarkontakt, aber keinen Sprechkontakt, bis BITOD, wir sind [sic!] keine ADS-B-Identifizierung und keinen Radarkontakt.«

KL-P: »Äh, okay, verstanden.«

HCM: »Ja.«

Nach kurzer Pause meldete sich HCM wieder bei der Flugsicherung Kuala Lumpur. Es war jetzt 1:46 Uhr.

KL-P: »Bitte sprechen Sie. Lumpur.«

HCM: »Ja, haben Sie zurzeit irgendwelche Informationen über Malaysian 370?

KL-P: »Negativ, Sir, welche Informationen wollen Sie?

HCM: »Ja, wir haben Ihnen vorher gerade mitgeteilt, ja, wir haben Radarkontakt über IGARI, keinen Sprechkontakt, und nach BITOD haben wir keine Radaridentifizierung, auch keine ADS-B-Identifizierung.«

KL-P: »Und wie war es vorher?

HCM: »Und wir haben ihn mehrmals gerufen bis, na, mehr als 20 Minuten.«

KL-P: »Ja, wie war es früher, hinter IGARI, hat er Sie gerufen oder nicht?

HCM: »Negativ, Sir, nur Sprech... nur Radarkontakt.«

KL-P: »Kein Kontakt hinter IGARI, bitte bestätigen.«

HCM: »Bestätigt.«

KL-P: »Okay, ich werde versuchen, ah ... rufe und dann ... äh ... melde ich mich bei Ihnen.«

In den nächsten Minuten erfolgte die Übergabe eines anderen Flugzeugs – MH6163 – von Ho-Chi-Minh-Stadt an Kuala Lumpur. Nach Abschluss dieses Vorgangs kam das Gespräch wieder auf die verschollene MH370 zurück. Ho-Chi-Minh-Stadt konnte nur den »negativen Kontakt bestätigen«.

MH370 war jetzt bereits eine halbe Stunde überfällig. Das Handbuch für Luftverkehrsdienste schreibt vor: »Maßnahmen bei vollständiger Überfälligkeit: Nicht später als 30 Minuten nach Erklärung der Unsicherheitsphase: 1. Das RCC über das Bestehen der Alarmphase informieren.« Nachdem schon vor einer halben Stunde versäumt worden war, die Unsicherheitsphase zu erklären und entsprechende Maßnahmen zu ergreifen, wurde nun auch darauf verzichtet, wie vorgeschrieben Alarm auszulösen. Stattdessen wurde weiterhin höflich nach dem Verbleib des Flugzeugs gefragt.

In seinem Buch »MH370: Lost in the Dark« stellt John Choisser die Theorie auf, dass die Ursache des Unglücks ein Brand gewesen sei, und sagt: »Es ist eine Schande, dass die malaysische Luftwaffe trotz ausreichender Vorwarnzeit [...] das Flugzeug nicht abgefangen und nach Hause eskortiert hat. [...] Nach meiner Hypothese sind die Piloten Helden. Verloren in der Finsternis, ohne Instrumente, mit Rauch im Cockpit, unter extremem Stress und einer unglaublichen Verantwortung, hofften sie vergeblich darauf, dass ein Kampfflugzeug jenseits der Cockpitscheiben auftauchen und sie nach Hause geleiten würde.«

Wir wissen bis heute nicht, was wirklich passiert ist. Zumindest nach der Theorie von John Choisser hätte MH370 bei einer vorschriftsmäßigen Reaktion der Flugsicherung gerettet werden können.

Diese Umstände werfen auch ein bezeichnendes Licht auf die abstrusen Verschwörungstheorien, nach denen MH370 von CIA, KGB oder irgendwelchen anderen Geheimdiensten nach Diego Garcia, Kasachstan oder gar Island entführt worden wäre. Das Flugzeug konnte nur deshalb so spurlos verschwinden, weil die Flugsicherungen sowohl in Malaysia als auch in Vietnam nicht nach Vorschrift gehandelt, sondern offensichtlich eine ruhige Kugel geschoben haben. Mit diesem krassen Fehlverhalten aber hatte im Vorfeld niemand rechnen können. Eine Organisation, die einen Coup wie das Verschwinden eines Großraumflugzeugs landen möchte, kann sich bei der Planung nicht auf solche Unwägbarkeiten stützen.

Um 1:57 Uhr wurde die mangelnde Reaktion von Ho-Chi-Minh-Stadt tatsächlich Gesprächsthema, allerdings führte das immer noch nicht dazu, die erforderlichen Maßnahmen zu ergreifen.

KL-P: »Ja, Ho Chi Minh?

HCM: »Ja, Sir, wir haben offiziell keinen Kontakt mit Malaysian 370 bis jetzt, und wir haben es auf vielen Frequenzen versucht, und alle anrufenden Flugzeuge haben keine Antwort von Malaysian 370 bekommen.«

KL-P: »Okay.«

HCM: »Könnten Sie das auf Ihrer Seite nochmal überprüfen?

KL-P: »Okay, wir werden das tun, und als Erstes, hatten Sie bei IGARI überhaupt Kontakt mit dem Flugzeug oder nicht?

HCM: »Negativ, Sir, wir haben nur Radarkontakt, keinen Sprechkontakt.«

KL-P: »Aber nein, als das Flugzeug IGARI passiert hat, hat es Sie da angerufen?

HCM: »Negativ, Sir.«

KL-P: »Negativ. Warum haben Sie mir das nicht gesagt? Sie hätten sich gleich nach den ersten fünf Minuten bei mir melden sollen!

HCM: »Nach BITOD, sieben Minuten, wir haben keinen Radarkontakt, dann haben wir Sie gefragt.«

KL-P: »Okay, okay, wir versuchen die Gesellschaft anzurufen.«

HCM: »Ja.«

Der Fluglotse in Kuala Lumpur stellte also korrekt fest, dass sein vietnamesischer Kollege sich bereits fünf Minuten nach dem Verschwinden von MH370 hätte melden sollen. Er selbst aber hielt sich auch nicht an die Vorschriften, die nun hätten greifen müssen, nachdem das Flugzeug mehr als eine halbe Stunde überfällig war. Vierzig Minuten nach dem Verschwinden von MH370 gab es immer noch keinen Alarm. Stattdessen rief ein Mitarbeiter der Flugsicherung Kuala Lumpur beim Betriebszentrum der Malaysian Airlines an. Dort versuchte man, die verschollene Maschine über das ACARS zu erreichen.

Der erste Positionsbericht (der sich auch als der letzte erwies) wurde um 1:07 Uhr von ACARS übermittelt. Dabei handelte es sich um eine Zusammenfassung von sechs einzelnen Berichten, die das System in Abständen von je fünf Minuten generiert hatte. Das System war darauf programmiert, alle 30 Minuten solche Positionsberichte zu senden.

Wenn die ACARS-Einheit eines Flugzeugs längere Zeit schweigt und dabei einen festgelegten Grenzwert überschreitet, kann die Bodenstation ihm (direkt oder über Satellit) ein Ping-Signal senden. Eine Antwort auf den Ping bedeutet, dass die ACARS-Kommunikation noch funktioniert.

Der festgelegte Grenzwert für Boeing 777 von Malaysian Airlines beträgt 30 Minuten. Schweigt das ACARS eines Flugzeugs also länger als eine halbe Stunde, sendet das Betriebszentrum von Malaysian Airlines eine Textnachricht über ACARS ans Cockpit oder ruft das Cockpit über eine Satellitenverbindung.

Die für 1:37 Uhr und 2:07 Uhr erwarteten ACARS-Berichte blieben aus. Die nächste Satellitenkommunikation bestand in einer Anmeldeanforderung vom Flugzeug um 2:25 Uhr. Die Satellitenübertragungen von diesem Zeitpunkt bis 8:10 Uhr zeigen, dass die Verbindung verfügbar war, aber weder für Sprechfunk, ACARS noch andere Datendienste genutzt wurde.

Das Verstummen des Transponders wird meistens als Hinweis darauf gedeutet, dass das Gerät vorsätzlich abgeschaltet wurde, denn ein Ausfall aufgrund einer technischen Störung wäre vom ACARS aufgezeichnet worden. Vertreter der Theorien, die eine solche Störung als Ursache des Unglücks verfechten – insbesondere einen Brand – weisen jedoch darauf hin, dass auch das ACARS nicht ordnungsgemäß funktionierte. Nach dieser Ansicht war es durch die Unglücksursache, also etwa den Brand, ebenfalls beschädigt.

Um 2:03 Uhr sendete das Betriebszentrum von Malaysian Airlines eine erste Nachricht an den Drucker im Cockpit, mit der die Besatzung aufgefordert wurde, sofort Verbindung mit der Flugsicherung in Ho-Chi-Minh-Stadt aufzunehmen. Die eingehende Meldung zeigte, dass die Nachricht das Flugzeug nicht erreicht hatte. Die Nachrichten werden automatisch alle zwei Minuten erneut gesendet, aber auf keine davon wurde geantwortet. Die automatischen Verbindungsmeldungen zeigen alle den Status »failed«.

```
18:03:23     46819784   Outgoing Uplink      9M-MRO    MH0370          MHKULKJACM001
Uplink Sent             B777 Cockpit Printer Uplink for ODC -- B777 Cockpit QXSXMXS

QU QXSXMXS
.DPCCAMH 071803
AGM
AN 9M-MRO/FI MH0370/MA 991I

======================================
| MALAYSIA AIRLINES - ODC            |
======================================
URGET REQUEST

PLS CONTACT HO CHI MING ATC ASAP

THEY COMPLAIN CANNOT TRACK YOU ON THEIR RADAR

I RECEIVED CALL FROM SUBANG CENTRE

PLS ACK THESE MSG

REGARDS
```

Abbildung 2.1: Nachricht von der Betriebszentrale der Malaysian Airlines

18:06:25 46819784 Incoming Downlink 9M-MRO MH0370 MHKULKJACM001 071806 MAS RELAY
Normal MAS-F (failed) QXSXMXS

Abbildung 2.2: Automatische Meldung

Die Vertreter von Malaysian Airlines zogen nun ein als »Flight Explorer« bezeichnetes Trackingsystem zurate, das nichts anderes tat, als die wahrscheinliche Position der Maschine nach den zuletzt ermittelten Daten zu errechnen. Diese vermeintliche Position meldete die Gesellschaft dann an die Flugsicherung von Kuala Lumpur. Um 2:04 Uhr gab Kuala Lumpur diese falschen Angaben telefonisch an die Kollegen in Vietnam weiter. Der Fluglotse in Kuala Lumpur schien aber selbst Zweifel an den Informationen zu haben.

KL: »Okay, laut der ... Gesellschaft Malaysian Airlines fliegt das Flugzeug noch irgendwo über Kambodscha.«

HCM: »Irgendwo über Kambodscha.«

KL: »Bestätigt.«

HCM: »Das heißt, es ist nicht in unsere FIR eingeflogen.«

KL: »Okay, ich bin mir nicht sicher über das, aber, äh ... das ist, was der MAS-Airline-Sprecher gesagt hat, dass das Flugzeug ...«

HCM: »Okay, okay, ich halte Rücksprache mit Kambodscha.«

KL: »Ja, bitte, halten Sie Rücksprache mit Kambodscha.«

HCM: »Ja.«

KL: »Okay, und rufen Sie mich zurück.«

Um 2:07 Uhr bestätigte auch der Planer die falschen Angaben im Gespräch mit Ho-Chi-Minh-Stadt.

KL-P: »Ja, Ho Chi Minh?

HCM: »Ja, bestätigen Sie bitte, dass sich das Flugzeug in der FIR Phnom Penh befindet.«

KL-P: »Bitte wiederholen.«

HCM: »Die Malaysian 370, tut mir Leid.«

KL-P: »Okay, ja, bitte weiter.«

HCM: »Aah ... bestätigen Sie, dass das Flugzeug in die FIR Phnom Penh eingeflogen ist.«

KL-P: »Okay, von dem ... MAS-Vertreter, der Airline .... von der Airline selber, er sagt, das Flugzeug fliegt immer noch und befindet sich jetzt im Luftraum von Kambodscha.«

HCM: »Oh ... wirklich, wir haben Sie angerufen, wir hatten keinerlei Informationen, wir fragten Phnom Penh, Phnom Penh hat keinerlei Informationen über Malaysian 370.«

KL-P: »Oh ... er jetzt also auch keinen Kontakt mit dem Flugzeug?«

HCM: »Ja.«

KL-P: »Okay, okay, ich spreche noch mal mit meinem Supervisor.«

HCM: »Danke.«

Nach verschiedenen anderen Gesprächen hielt Kuala Lumpur 2:18 Uhr erneut Rückfrage wegen MH370. Bemerkenswert sind wiederum die Kommunikationsschwierigkeiten und die sehr nebulösen Aussagen über Notmaßnahmen.

HCM: »Hallo.«

KL-P: »Ho Chi Minh.«

HCM: »*Liau.*«

KL-P: »Okay, mit Bezug auf Malaysian 370: Bestätigen Sie, dass Sie den Flugplan erhalten haben.«

HCM: »Bestätigt.«

KL-P: »Okay, äh ... der Flugplan, soll er über Ho Chi Minh oder über Kambodscha führen?

HCM: »Ursprünglich über Ho Chi Minh.«

KL-P: »Okay, aber dann ist das Flugzeug nicht in den Bereich Ho Chi Minh eingeflogen. Bitte bestätigen.«

HCM: »Aaah ... nach dem Bericht hat das Flugzeug die Position IGARI passiert, dann ist das Radarziel verschwunden ... äh ... fünf Minuten ... später.«

KL-P: »Hmm hmm.«

HCM: »Ist verschwunden, und wir versuchen mit hohem Aufwand, ihn zu rufen.«

KL-P: »Nein, nach ... nach IGARI ... bestätigen Sie, dass Sie nach IGARI den Radarkontakt nach IGARI verloren haben.«

HCM: »Nach der Position BITOD.«

KL-P: »BITOD, Flugzeug ... äh ... Radarkontakt verloren.«

HCM: »Äh ... verschwunden.«

KL-P: »Verschwunden, okay ... okay, äh ...«

HCM: »Ja.«

KL-P: »Und dann ... das Flugzeug, äh ... Sie haben bis jetzt immer noch keinen Radarkontakt.«

HCM: »Überhaupt keinen.«

KL-P: »Überhaupt keinen, okay. Was ist mit Ho Chi Minh, äh ... äh, Kambodscha?

HCM: »Die sagen, die haben keine Informationen.«

KL-P: »Keine Informationen; also führen Sie Maßnahmen für Funkausfall durch?

HCM: »Pardon?

KL-P: »Sie führen die notwendigen Maßnahmen für das Flugzeug aus.«

HCM: »Positionsoperationen.«

KL-P: »Diese Maßnahmen für Funkausfall und, na, diese Maßnahme.«

HCM: »Was meinen Sie damit?

KL-P: »Nein, bestätigen Sie, dass Sie jetzt in Kontakt mit Malaysian 370 stehen.«

HCM: »Nur einmal.«

KL-P: »Nur einmal.«

HCM: »Einmal, aber ... äh ... über Radarsymbol.«

KL-P: »Ich frage nach Funkkontakt.«

HCM: »Kein Sprech.«

KL-P: »Keine Sprechkommuni...kommunikation.«

HCM: »Ja.«

KL-P: »Okay, und, äh ... Sie, also Sie melden sich, wenn Sie, äh, irgendwelche Informationen über dieses Flugzeug bekommen.«

HCM: »Bis jetzt ... es beläuft sich jetzt auf 3-0 Minuten, und, äh, ich fürchte, irgendwas ist falsch, aber ich weiß nicht was.«

KL-P: »Hmm, okay, laut dem ...«

HCM: »Wirklich, es sollte jetzt wirklich auf dem Radar erscheinen.«

KL-P: »Hmm ...«

HCM: »Aber dann, na ... Ho Chi Minh, na, 8-0 Meilen von Tan Tansonnhat, aber da ist irgendetwas falsch, nichts.«

KL-P: »Nichts, ja.«

HCM: »Nur Radar ... nur, äh ... laut Flugplan, Sie wissen ja.«

KL-P: »Nur nach Flugplan.«

HCM: »Äh ha.«

KL-P: »Bestätigen Sie, nur laut Flugplan.«

HCM: »Nur laut Flugplan.«

KL-P: »Okay, na, danke. Melden Sie sich, wenn Sie irgendwelche Informationen haben.«

HCM: »So, so, so, Sie holen die, äh, Sie nehmen Verbindung auf mit der, mit seiner Firma, und, na, ich glaube, da ist so was wie, äh, ein interner Ruf.«

KL-P: »Äh, nein, ich habe die Firma schon informiert.«

HCM: »Äh … .«

KL-P: »Okay, so, die Firma hat bereits ...«

HCM: »Was haben die gesagt?

KL-P: »Na, ich bin nicht sicher, aber die Firma hat bereits ein Signal zu dem Flugzeug geschickt, um Verbindung mit der entsprechenden ATC-Einheit zu bekommen.«

ATC steht für Air Traffic Control, also die Flugsicherung. Mit der ATC-Einheit meint der Planer vermutlich den Transponder oder das ACARS.

HCM: »Ja, aber, äh ... ich möchte gern wissen, haben Sie nach IGARI irgendein Signal oder irgendeinen Sprechkontakt gehabt oder irgendwas wie, äh, ein Radarziel?

KL-P: »Negativ.«

HCM: »Bevor Sie an mich übergeben haben.«

KL-P: »Ja, nach... nachdem ich übergeben habe, und dann, na ... wir, äh ... Ich meine, keine weiteren Informationen hinter IGARI.«

HCM: »Aber vor IGARI, vorher, in Ihrem Luftraum, was, äh ... war [sic!] es funktioniert?

KL-P: »Es funktioniert bis IGARI.«

HCM: »Funktioniert normal?

KL-P: »Bestätige, funktioniert normal bis IGARI.«

HCM: »Ja ... okay, okay, danke.«

KL-P: »Danke.«

Der bereits erwähnte Supervisor der Flugsicherung in Kuala Lumpur wandte sich um 2:33 Uhr noch einmal per Telefon an die Fluggesellschaft (Malaysian Airline Systems, MAS). Hierbei war auch von der SATCOM-Verbindung zu MH370 die Rede.

MAS: »Hallo?

KL: »Okay, äh ... hallo, guten ... guten Mor... Morgen.«

MAS: »Ja, ja.«

KL: »Ich rufe von Subang Centre an, *la*.«

MAS: »Äh ... ja?

KL: »Ich spreche mit MAS Operations, nicht wahr?.«

MAS: »Ja, ja.«

KL: »Okay, äh ... es geht um Malaysian 370.«

MAS: »*Herha*.«

KL: »Ho Chi Minh sagt, immer noch negativer Kontakt.«

MAS: »*Haa*.«

KL: »Und überhaupt kein Radarsignal.«

MAS: »Okay.«

KL: »Aber wir haben uns schon früher an MAS gewandt, und ich glaube, jemand auf Ihrer Seite hat gesagt, dass das Flugzeug immer noch fliegt und Sie schon ein Signal zu dem Flugzeug gesendet haben.«

MAS: »Ja.«

KL: »Okay, und, äh ... was ist, äh ... Ich meine, haben sie Ihnen geantwortet oder nicht?

MAS: »Nein, nein, nein, sie haben nicht geantwortet.«

KL: »Malaysian 370.«

MAS: »Hmm, ja.«

KL: »Aber, äh ... woher wissen Sie, dass sie ... äh ... ja ...«

MAS: »Weil die ... Nachricht erfolgreich durchgegangen ist.«

Damit ist wahrscheinlich der erfolgreiche Handshake um 2:25 Uhr gemeint, also die Wiederherstellung der Satellitenverbindung zum Flugzeug.

KL: »Erfolgreich durchgegangen.«

MAS: »Ah ...«

KL: »Okay, hmm ... können Sie, ich meine, ist *xxxxx* irgendwie möglich, dass das Flugzeug Ihnen antwortet?«

MAS: »Ääh ...«

KL: »Irgendeine Möglichkeit, dass das Flugzeug Ihnen antwortet.«

MAS: »Wissen Sie, äh ... man müsste es mit dem SATCOM versuchen, *la*, Sir.«

KL: »Hmm, hm.«

MAS: »Wir versuchen es mit dem SATCOM und sehen dann weiter.«

KL: »Okay ... *hah hah*, mal sehen, ob die ... ich bin mir sicher ... ob sie die Position, oder ob Sie mit irgendjemand Kontakt bekommen und eine Abschätzung für die Landung oder irgendetwas ...«

MAS: »Okay.«

KL: »Okay, und, äh, okay, äh, weil, äh, Ho Chi Minh macht sich immer noch Sorgen, weil die, äh, überhaupt keinerlei Kontakt haben, weder Funk noch Radar.«

MAS: »Okay.«

KL: »Okay, so.«

MAS: »Ich kann denen ein Fax schicken ... weil die ... die Flugzeugbewegung immer noch heruntergeladen wird.«

KL: »Ah ... ha.«

MAS: »Das Flugzeug sendet immer noch die ... Bewegungsmeldung.«

KL: »Okay.«

MAS: »Positionsmeldung.«

KL: »Positionsmeldung, okay, okay, äh ...«

MAS: »Ungefähr, äh ... irgendwo über Vietnam.«

KL: »Okay, können Sie uns sagen, welche Position das Flugzeug jetzt zuletzt überquert hat?

MAS: »Die letzte Position war, äh ... Breit... Länge 14 14 Komma 9 0 0 0 0.«

KL: »Äh ... bitte wiederholen.«

MAS: »Äh ... Breite ist 14 Komma 9... äh ...«

KL: »Eh, eh.«

MAS: »0 0 0 0.«

KL: »Vier... viermal null.«

MAS: »Ja.«

KL: »Okay.«

MAS: »Länge ist 109.«

KL: »109.«

MAS: »15500.«

KL: »1500 ... um welche Uhrzeit, bitte?

MAS: »Um 183356.«

KL: »1833 ... *huh.*«

MAS: »*Auh.*«

KL: »Okay, dies ist die Position, die das Flugzeug um 1833 überflogen hat, *uh.*«

Die Zeitangabe erfolgte hier wieder in UTC: 18:33 Uhr entspricht 2:33 Uhr Ortszeit. Der Vertreter von Malaysian Airlines irrte jedoch: Das Flugzeug sendete zu diesem Zeitpunkt keine Positionsmeldungen mehr, sondern reagierte nur auf einen Ping. Die angegebenen Koordinaten stammten nicht von der Maschine, sondern waren von einem Trackingsystem errechnet worden, das die erfolgten Umkehrmanöver natürlich nicht berücksichtigen konnte.

MAS: »*Huh.*«

KL: »Okay, äh ... dieser, lassen Sie sie anrufen, okay, und, äh, sagen Sie ihnen, okay, sie sollen versuchen, das Flugzeug anzurufen, und dann, also, äh ... ich meine, damit sie Ihnen antworten, ob sie ... äh ... irgendeinen Kontakt mit der ATC-Einheit, der Einheit haben oder nicht.«

MAS: »In Ordnung.«

KL: »Okay, bitte, danke.«

Die Betriebszentrale von Malaysian Airlines versuchte um 2:39 Uhr, das Flugzeug über Satellitentelefon zu erreichen, was aber erfolglos blieb.

Mittlerweile war MH370 mehr als eine Stunde überfällig. Das Handbuch fordert: »Das RCC über das Bestehen der Notfallphase informieren, wenn: 1 Stunde nach der letzten erwarteten Ankunftszeit für das Ziel verstrichen ist; oder: Der Treibstoff als erschöpft angenommen werden muss; oder: 1 Stunde seit Erklären der Unsicherheitsphase verstrichen ist.«

Auch der Notfall wurde nicht ausgerufen. Stattdessen meldete Kuala Lumpur die falschen Angaben von Malysian Airlines an Ho-Chi-Minh-Stadt weiter. Um 2:53 Uhr versuchten sowohl Lumpur Radar als auch Flug MH386 vergeblich, Verbindung mit dem verschollenen Flugzeug aufzunehmen. Inzwischen hatte man in Vietnam bei den angrenzenden Fluginformationsregionen nachgefragt, die aber natürlich keine Informationen hatten. In den folgenden Stunden gab es weitere Gespräche zwischen Kuala Lumpur und Ho-Chi-Minh-Stadt, in denen es aber keine neuen Erkenntnisse ab. Laut Eintrag im Logbuch des Supervisors in Kuala Lumpur informierte Malaysian Airlines die Flugsicherung um 3:30 Uhr jedoch endlich darüber, dass die bisherigen Positionsmeldungen, nach denen sich MH370 über Kambodscha befinden sollte, lediglich Extrapolationen des Flight-Explorer-Systems waren.

Um 5:09 Uhr meldete sich plötzlich die Flugsicherung Singapur in Kuala Lumpur.

KL-P: »Lumpur.«

Singapur: »Lumpur, äh, ich rufe für die Bezirkskontrollstelle Hongkong an.«

KL-P: »Okay.«

Singapur: »Die fragen nach dem Flugzeug Malaysian 370.«

KL-P: »Okay.«

Singapur: »Bestätigen Sie, dass Sie zuvor mit dem Flugzeug in Kontakt waren.«

KL-P: »Okay, von unserem Abflug an.«

Singapur: »Bestätigen Sie!

KL-P: »Äh ... in Kontakt bis zur Übergabe bei IGARI.«

Singapur: »Hmm, hmm.«

KL-P: »Danach kein Kontakt. Wir bekamen die Informationen über IGARI, äh, sie hatten keinen Kontakt mit dem Flugzeug um ... Uhrzeit, äh ... nachdem wir die Übergabe bei IGARI gemacht haben, Uhrzeit war 1722.«

Singapur: »Okay.«

KL-P: »Und, und Ho Chi Minh hat uns mitgeteilt, um ungefähr 1, negativer Kontakt mit *xxxxx* 1810.«

Singapur: »Um 1810 hat Ho Chi Minh Sie angerufen, um Ihnen negativen Kontakt zu melden?

KL-P: »Ja, und wir haben versucht, bei Ho Chi Minh nachzufragen.«

Singapur: »Aah aah.«

KL-P: »Wegen des Flugzeugs, weil wir nachgefragt haben bei, äh, bei MAS Operations. Die haben gesagt, sie sind nicht in der Lage ... äh ... keine Kommunikation mit denen.«

Singapur: »Bestätigen Sie, dass Malaysian Airlines am Boden auch keinen Kontakt mit Malaysian 370 hat.«

KL-P: »Ja.«

Singapur: »Ja, aah.«

KL-P: »Ja.«

Singapur: »Aah, und das Flugzeug ist nicht mehr auf Ihrer Frequenz, 13425.«

KL-P: »Bestätige, zum Zeitpunkt 1722 haben wir das Flugzeug an Ho Chi Minh übergeben.«

Singapur: »Aha, um 1722 war das Flugzeug noch auf dem Radar.«

KL-P: »Bestätige.«

Singapur: »Okay.«

KL-P: »So ... äh, oder von, äh ... Hongkong oder ... irgendwelche Neuigkeiten von Hongkong?

Singapur: »Nein, Hongkong fordert aktuelle Informationen über dieses Flugzeug an.«

KL-P: »Okay, äh ... wenn die Sie erneut anrufen, äh ... können Sie uns auf dem Laufenden halten?

Singapur: »Okay, verstanden.«

KL-P: »Okay, danke.«

Das Flugzeug war seit fast vier Stunden verschwunden. Erst auf die von Singapur weitergeleitete Anfrage von Hongkong, wo die avisierte Maschine denn nun bliebe, kümmerte man sich in Kuala Lumpur wieder um den Fall. Anstatt endlich Alarm auszulösen, wurde jedoch nur wieder Rücksprache mit Ho-Chi-Minh-Stadt und Malaysian Airlines gehalten.

Die Aussage in den Gesprächsprotokollen, dass einer der diensthabenden Fluglotsen schlafe und erst geweckt werden müsse, hat hohe Wellen geschlagen. Es war aber keinesfalls so, dass diese Person im Dienst am Radarschirm ein Nickerchen gemacht hat. Im Dienstplan sind längere Pausen vorgesehen, die der Betreffende genutzt hatte, um sich ein wenig hinzulegen.

Erst um 6:14 Uhr fragte Kuala Lumpur nach, ob Ho-Chi-Minh-Stadt irgendwelche Notmaßnahmen eingeleitet habe.

KL: »Übrigens, Ihr, äh, SAR, Sie haben Ihr SAR-Lagezimmer aktiviert?

HCM: »Ja, bleiben Sie dran. ... Ja.«

KL: »Hallo, Ihr, Ihr, Ihre SAR-Lage ist jetzt akt... aktiv?

HCM: »Äh ... für Malaysian 370.«

KL: »Bestätigen Sie, bestätigen Sie. Malaysian 370, ist er aktiviert, Ihr, Ihr SAR, Ihr SAR, Search and Rescue, ist er aktiviert, *uh*?

HCM: »Voraussichtlich.«

KL: »Negativ. Ist es, äh ... Sie, äh ... haben Sie Ihren SAR-Dienst aktiviert oder nicht? Haben Sie Ihren, Ihren ... ?

HCM: »Ich bin [sic!] nicht verstanden, was Sie sagen. Bestätigen Sie, dass Sie irgendwelche Informationen darüber haben.«

KL: »Neg... negativ, negativ. Wir haben keine Informationen, weshalb wir im Augenblick unseren SAR-Dienst aktivieren, aktivieren.«

HCM: »SAR, SAR-Dienst.«

KL: »SAR, Search and Rescue, Search and Rescue.«

HCM: »Ah, ja, Sie sind jetzt auf Search and Rescue.«

KL: »Aah ...«

HCM: »Ja.«

KL: »Na ... na ... Ist Ihr, Ihr SAR-Dienst jetzt aktiviert? Haben Sie Ihren Search and Rescue aktiviert?

HCM: »Ja, das ist richtig, das ist richtig.«

KL: »Verstehe, okay, okay, gut, okay.«

Um 6:32 Uhr sendete die Flugsicherung Kuala Lumpur endlich den Code DETRESFA, um die Notfallphase einzuleiten – mehr als fünf Stunden nach dem Verschwinden des Flugzeugs und vier Stunden später als vorgeschrieben. In diesem Zeitraum hatte MH370 bereits Tausende von Kilometern zurückgelegt, was das Aufspüren des Wracks erheblich erschwert.

Die strategische Suchgruppe MH370, koordiniert vom australischen Verkehrssicherheitsamt (Australian Transport Security Bureau, ATSB), hat mit erheblichem Aufwand die Signale analysiert, die vom Satellitenkommunikationsterminal des Flugzeugs an die Inmarsat-Satelliten über dem indischen Ozean übertragen wurden. Dabei hat sich gezeigt, dass das Flugzeug nach dem Verlust des Kontakts noch mehrere Stunden lang geflogen ist.

Anhand der Daten der letzten sieben Handshakes wurde versucht, die wahrscheinlichste Position des Flugzeugs zu ermitteln.

Es wurden folgende wichtige Kommunikationsversuche protokolliert:

1. **0:42 Uhr:** Nach dem Start hat die SMS/E-Mail-Anwendung des Bordunterhaltungssystems (In-Flight Entertainment, IFE) eine normale Flugbeginnmeldung gesendet, die die korrekte Kennung der SATCOM-Einheit an Bord (Airborne Earth Station, AES), die korrekte Flugnummer, den Abflug- und den Zielflughaben angab. Das bedeutet, dass das IFE zu diesem Zeitpunkt in der Lage war, die entsprechenden Informationen von der Satellitendateneinheit zu beziehen.

2. **1:07 Uhr:** Das Flugzeug sendete die letzte ACARS-Meldung.

3. **2:03 Uhr:** Die Bodenstation löste eine ACARS-Übertragung aus, erhielt aber keine Bestätigung. Daraus folgt, dass die Satellitenverbindung irgendwann zwischen 1:07 Uhr und 2:03 Uhr verloren gegangen ist. Es gibt keine Hinweise darauf, dass die Satellitenverbindung manuell vom Cockpit aus unterbrochen wurde. Ein solches Geschehnis würde im Protokoll der Bodenstation auftauchen, ist dort aber nicht zu erkennen.

4. **2:05 Uhr:** Die Bodenstation löste eine weitere ACARS-Übertragung aus, erhielt aber nach wie vor keine Bestätigung. Die Satellitenverbindung war zu diesem Zeitpunkt also immer noch nicht verfügbar.

5. **2:25 Uhr:** Das Flugzeug löste eine Anmeldung der Satellitenverbindung aus (1. Handshake). Dabei wurde am Boden ein ungewöhnlicher Frequenzwechsel festgestellt. Auch die Flugnummer wurde bei der Anmeldung nicht mehr an die Bodenstation übertragen. Die Satellitenverbindung stand nun wieder zur Verfügung, allerdings wurden keine ACARS-Meldungen gesendet, die eigentlich alle 30 Minuten fällig sind. In den folgenden Minuten stellte das Bordunterhaltungssystem (IFE) automatisch die Satellitenverbindungen für die SMS/E-Mail-Einrichtung und eine Testanwendung wieder her. Zu keinem Zeitpunkt während des Fluges wurden über diese SMS/E-Mail-Anwendung jedoch irgendwelche Benutzerdaten gesendet.

6. **2:39 Uhr:** Die Betriebszentrale von Malaysian Airlines versuchte das Flugzeug über eine Satellitentelefonverbindung anzurufen. Diese Anrufe hätten ins Cockpit weitergeleitet werden sollen, wo sie mit einem Tonsignal und einer optischen Meldung auf der Audiokonsole angekündigt werden. Das Protokoll der Bodenstation vermerkte eine Dauer von null Sekunden, was bedeutet, dass beide Anrufe unbeantwortet blieben. Der Anrufversuch wurde vom Boden beendet. Durch diesen und einen später erfolgten zweiten Anruf wurde das Aktivitätsprotokoll zurückgesetzt, was den Zeitraum zwischen den vom Boden ausgelösten Handshakes verlängerte.

7. **3:41 Uhr:** 2. Handshake. Ausgelöst durch die Bodenstation in Perth, um den Zustand der Satellitenverbindung zu ermitteln, nachdem der akzeptable Zeitraum für Inaktivität auf der Verbindung abgelaufen war. Es erfolgte eine normale Antwort des AES, was bedeutet, dass die Satellitenverbindung intakt war.

8. **4:41 Uhr:** 3. Handshake.

9. **5:41 Uhr:** 4. Handshake.

10. **6:41 Uhr:** 5. Handshake.

11. **7:13 Uhr:** Die Betriebszentrale von Malaysian Airlines versuchte erneut, das Flugzeug telefonisch zu erreichen. Auch dieser Anruf wurde nicht beantwortet.

12. **8:10 Uhr:** 6. Handshake.

13. **8:19 Uhr:** 7. Handshake. Hierbei handelte es sich um eine Anmeldeanforderung, die vom Flugzeug ausgelöst wurde. Dass die Anmeldung vom Flugzeug aus gesendet wurde, zeigt, dass die Satellitenverbindung während der letzten Minuten ausgefallen sein muss. Sie war jetzt aber wieder (für Sprechverbindung und Daten) verfügbar. Wie bei dem letzten Ausfall wurde keine Flugnummer an die Bodenstation übermittelt, und es wurde abermals ein unnormaler Frequenzwechsel festgestellt. Dieses Mal versuchte das Bordunterhaltungssystem nicht wie üblich, die Verbindung für seine Anwendungen wiederherzustellen. Dies war die letzte Übertragung, die vom Flugzeug empfangen wurde.

14. **9:15 Uhr:** Die Bodenstation in Perth löste dreimal eine Anmeldeanforderung aus, erhielt aber keine Antwort. Die Satellitenverbindung muss also zwischen 8:19 Uhr und 9:15 Uhr ausgefallen sein.

Die Analyse ergab, dass das Flugzeug den Kurs geändert hat, kurz nachdem es die Nordspitze von Sumatra überquert hatte, und sich in südlicher Richtung bewegte, bis ihm im südlichen indischen Ozean westlich von Australien der Treibstoff ausging. Einzelheiten dieser Analysearbeiten sind im Bericht *AE-2014-054* des ATSB vom 26. Juni 2014 zu finden, der auf der Website des ATSB unter *http://www.atsb.gov.au* zur Verfügung steht.

Teil 3

Die Fakten

3 Das Wetter

Im Monat März befindet sich ein subtropisches Hoch über dem Golf von Thailand. Das Wetter ist im Allgemeinen trocken mit sehr wenig Wolken. Von der Erdoberfläche bis zu einer Höhe von 40.000 Fuß (12 km) herrscht nur leichter Wind vor.

Abbildung 3.1: Infrarotbild des Satelliten MTSAT von 1:32 Uhr Ortszeit (17:32 Uhr UTC)

Infrarotbilder eines japanischen Wettersatelliten von 1:32 Uhr zeigen, dass es zum Zeitpunkt des letzten Radarkontakts mit einer zivilen Überwachungsstelle (1:22 Uhr) keine bedeutende Wolkenbildung gab.

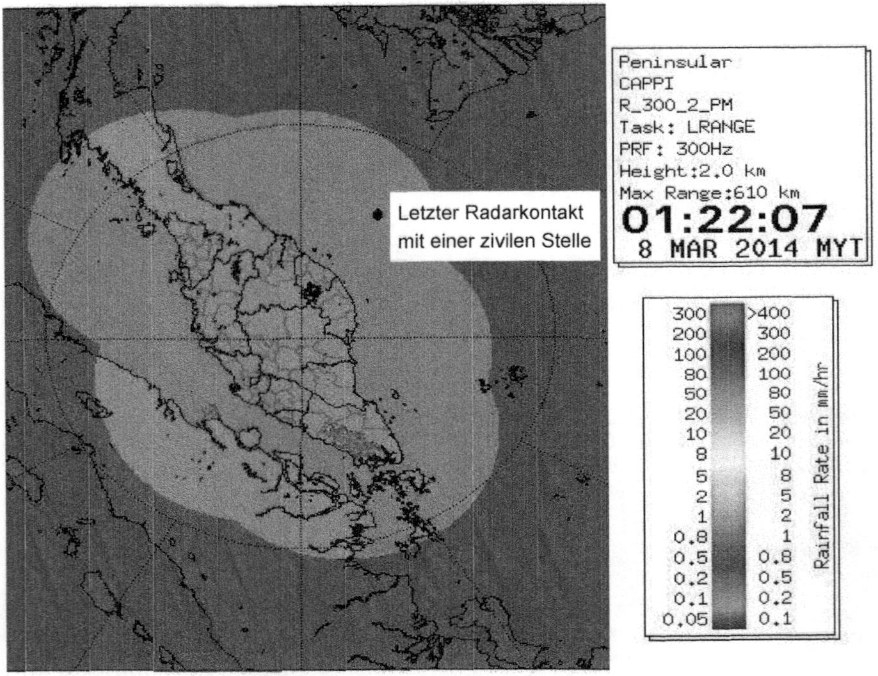

Abbildung 3.2: Meteorologisches Radarbild

In der Umgebung dieses letzten Radarkontakts wurden vom malaysischen Wetteramt zwischen 0:00 Uhr und 5:59 Uhr keinerlei Blitzentladungen festgestellt.

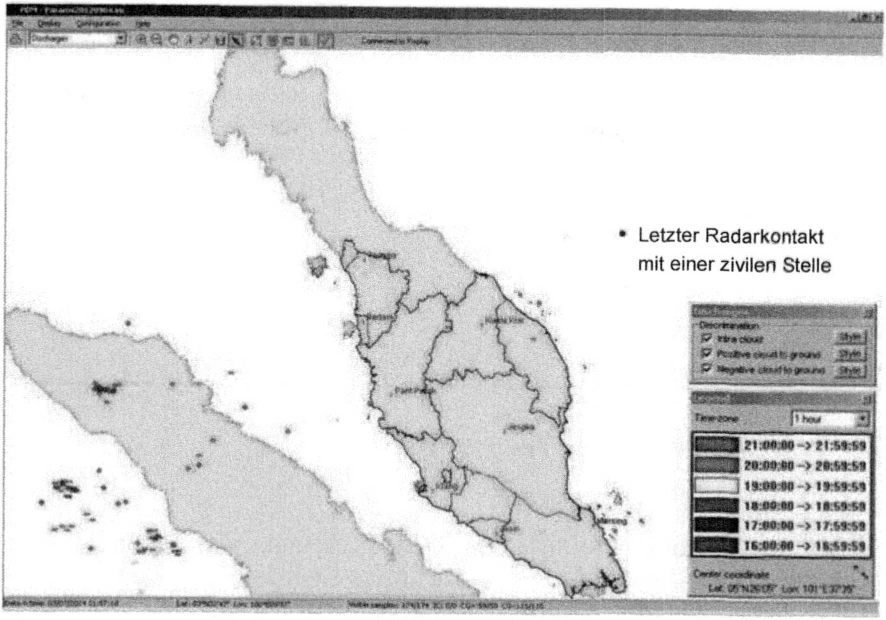

Abbildung 3.3: Karte der Blitzentladungen zwischen 0:00 Uhr und 5:59 Uhr

Auch die Wetterberichte der Flughäfen Kota Bharu, Kuala Terengganu, Penang und Kuala Lumpur von 0:00 Uhr, 1:00 Uhr und 2:00 Uhr zeigen keinerlei besondere Wettererscheinungen.

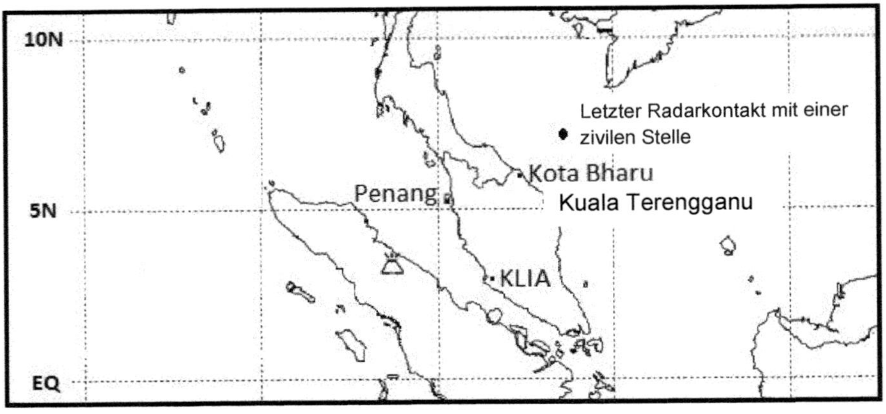

Abbildung 3.4: Positionen der Wetterstationen

Die Windbedingungen beim letzten Zivilradarkontakt wurden nicht direkt beobachtet. Die nächstliegenden Beobachtungen erfolgten um 20:00 Uhr des Vortags bzw. um 8:00 Uhr morgens von der meteorologischen Station in Kota Bharu. Beide Berichte sprechen für die Flughöhe von 35.000 Fuß von Temperaturen von -40 °C und nordöstlichem Wind mit maximal 15 Knoten.

Die Wettervorhersage für 2:00 Uhr auf Flughöhen von 25.000 bis 63.000 Fuß zeigt, dass die Route laut Flugplan (gestrichelte rote Linie in der folgenden Abbildung) bei 30° nördlicher Breite durch einen Jetstream (ein Strom starken Windes) mit westlicher Richtung und Windgeschwindigkeiten bis zu 150 Knoten auf 39.000 Fuß führte. Ein weiterer Jetstream in westlicher Richtung mit Windgeschwindigkeiten bis zu 100 Knoten ist auf 31.000 Fuß am Zielort zu erkennen. Von 25° nördlicher Breite bis zum Ziel war mit leichten Turbulenzen zu rechnen. Auf der gesamten geplanten Flugroute sind jedoch keinerlei widrige Wetterverhältnisse zu erkennen.

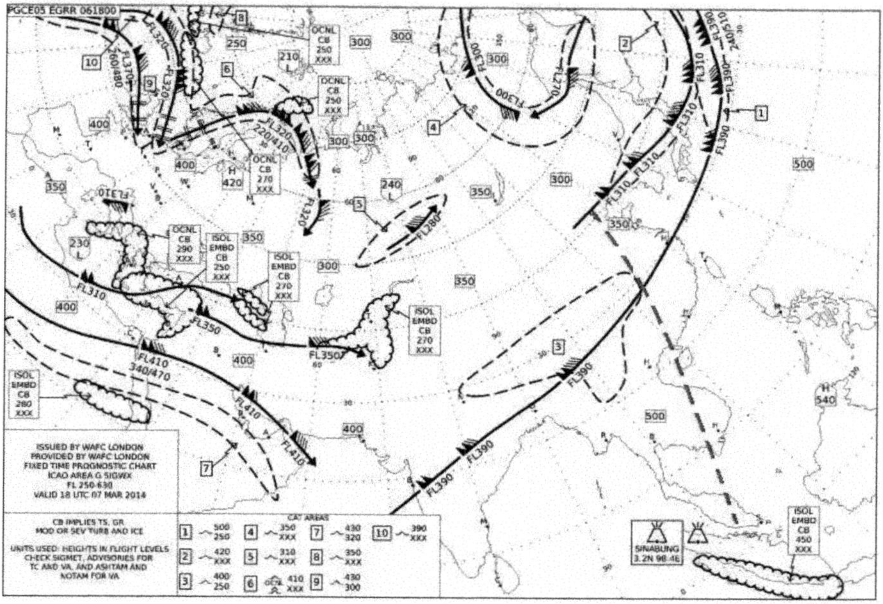

Abbildung 3.5: Maßgebliche Wetterkarte der Region für 2:00 Uhr

Um 14.27 Uhr des Vortags und um 2:37 Uhr wurden für Sinabung auf Sumatra Hinweise über einen Vulkanausbruch auf 3,10° nördlicher Breite und 98,23° östlicher Länge ausgegeben. Eine Fahne von Vulkanasche stieg bis zu einer Höhe von 12.000 Fuß auf und dehnte sich in westlicher Richtung aus.

4 Die Crew

Die Untersuchungen konzentrierten sich auf den Kapitän, den Ersten Offizier und die zehn Mitglieder der Kabinencrew. Die Passagiere an Bord von MH370 waren darin nicht einbezogen.

Besondere Aufmerksamkeit erregte die Tatsache, dass einem 30 Jahre alten Österreicher und einem 37 Jahre alten Italiener die Pässe gestohlen worden waren. An ihrer Stelle hatten sich die beiden Iraner Pouria Nour Mohammad Mehrdad (18) und Delavar Seyed Mohammadreza (29) mithilfe dieser Pässe an Bord begeben, was den Verdacht erregte, es könne sich um Terroristen gehandelt haben. Eine Untersuchung zeigte aber, dass es sich bei ihnen um illegale Auswanderer ohne terroristischen Hintergrund handelte. Mehrdad, 18 Jahre alt, wollte über Peking nach Deutschland weiterreisen, wo ihn seine Mutter erwartete.

Dass den Sicherheitsbehörden jedoch die Abweichungen im Aussehen und im Alter zwischen den Pässen und deren vermeintlichen Inhabern nicht aufgefallen waren, spricht nicht gerade für die Sicherheitsvorkehrungen am Flughafen Kuala Lumpur. Dennoch ist ein Terroranschlag eher unwahrscheinlich, da Terroristen mit ihren Aktionen Aufmerksamkeit erregen wollen. Im Zusammenhang mit MH370 hat es aber keinerlei Bekennerschreiben gegeben.

MAS-Berichte über Schulung und Überprüfung

Als Berufspiloten müssen sich der Kapitän und der Erste Offizier regelmäßigen Untersuchungen unterziehen, um ihre Lizenz zu verlängern. Bei einem Flugzeug dieses Typs ist das mindestens alle zwei Jahre der Fall. Diese Überprüfungen werden in zugelassenen Flugsimulatoren durchgeführt. Darüber hinaus werden im Dienst auf normalen kommerziellen Flügen jährlich zusätzliche Leistungsbewertungen vorgenommen.

Der Kapitän

Der Kapitän Zaharie Ahmad Shah wurde auf der Insel Penang geboren. Seinen ungefähr mit der mittleren Reife vergleichbaren Schulabschluss hat er 1978 an der Freien Schule Penang gemacht. 1981 wurde er mit einem Stipendium der staatlichen MARA (Majlis Amanah Rakyat) als Pilotenanwärter bei Malaysian Airlines angenommen und zur Pilotengrundausbildung nach Manila geschickt. Zwei Jahre später erhielt er seine Berufspiloten- und seine Instrumentenfluglizenz (CPL und IR, Commercial Pilot Licence und Instrument Rating). 1983 trat er der Malaysian Airlines als Zweiter Offizier bei und wurde auf einer F27 eingesetzt, wo er seine ersten Flugerfahrungen bei der Gesellschaft machte. 1985 wurde er auf die B737 versetzt, wo er als Erster Offizier bis Oktober 1991 blieb. Ende 1991 wurde er zum Kapitän für die B737 befördert. Weitere Beförderungen erfolgten im Dezember 1996 zum Kapitän auf dem A330 und im September 1998 zum Kapitän auf der B777. Aufgrund seiner Erfahrungen und seiner langjährigen Firmenzugehörigkeit wurde er im November 2007 zum Ausbilder und Prüfer für diesen Flugzeugtyp ernannt.

Seine Flugtätigkeiten während der letzten 72 Stunden und der vorausgehenden 28 bewegen sich völlig im Rahmen der Vorgaben des Unternehmens. Sein letzter Flug als Kapitän führte ihn am 3. März nach Denpasar auf Bali in Indonesien. Auf dem Flug MH370 schloss er die Ausbildung des Ersten Offiziers für diesen Typ ab, der auf seinem nächsten Flug geprüft werden sollte.

Auf dem Flug nach Peking waren alle erforderlichen Lizenzen und Zertifikate gültig.

Alter	53 Jahre
Familienstand	Verheiratet, 3 Kinder
Eintrittsdatum bei Malaysian Airlines	15. Juni 1981
Ausstellungsland der Fluglizenz	Malaysia
Lizenztyp	Air Transport Pilot Licence (ATPL)
Lizenznummer	A751
Gültigkeitsdatum der Lizenz	14. Mai 2014
Typklassifizierung	Boeing 777
Ärztliche Bescheinigung	Klasse 1 – 30. Juni 2014
Flugerfahrung	18.423:40 Std.
Erfahrung auf dem Typ	8659:40 Std.
Flugstunden innerhalb der letzten 24 Stunden	0:00 Std.
Flugstunden innerhalb der letzten 72 Stunden	1:59 Std.
Flugstunden innerhalb der letzten 7 Tage	20:39 Std.
Flugstunden innerhalb der letzten 28 Tage	91:04 Std.
Flugstunden innerhalb der letzten 90 Tage	303:09 Std.
Letzte Prüfung durch die Gesellschaft	8. April 2013
Prüfung der Instrumentenfluglizenz	15. November 2013
Letzte Leistungsprüfung	5. November 2013
Letzte Beförderung	Kapitän auf B777 (22. September 1998)

Der Erste Offizier

Der Erste Offizier Fariq Abdul Hamid wurde im Bundesstaat Kelantan geboren und ist zunächst in Segamat zur Schule gegangen. 2004 hat er seinen ungefähr der mittleren Reife entsprechenden Schulabschluss am naturwissenschaftlichen MARA-Juniorcollege in Taiping gemacht. Er wurde als Pilotenanwärter bei Malaysian Airlines angenommen und hat seine Flugausbildung im Jahr 2008 im Aerospace-Schulungszentrum von Langkawi abgeschlossen.

Sein erster Posten in der Flotte der Malaysian Airlines war der eines Zweiten Offiziers einer B737. Im Mai 2010 schloss er seine Ausbildung für diesen Typ ab und wurde zum Ersten Offizier ernannt. In diesem Rang verblieb er bis August 2012, als er zum Ersten Offizier auf dem A330 befördert wurde.

Im November 2013 erfolgte die Beförderung zur B777. MH370 war sein letzter Schulungsflug. Auf dem nächsten Linienflug sollte er geprüft werden. Seine Flugstunden während der letzten 72 Stunden und der letzten 28 Tage liegen gut im Rahmen der Grenzwerte des Unternehmens. Sein letzter Flug als Erster Offizier in der Ausbildung führte ihn am 1. März 2014 nach Frankfurt und am 2. März zurück nach Malaysia. Auf dem Flug nach Peking waren alle seine Lizenzen und Bescheinigungen gültig.

Alter	27 Jahre
Familienstand	Ledig
Eintrittsdatum bei Malaysian Airlines	23. Juli 2007
Ausstellungsland der Fluglizenz	Malaysia
Lizenztyp	Air Transport Pilot Licence (ATPL)
Lizenznummer	A3550
Gültigkeitsdatum der Lizenz	26. Juli 2014
Typklassifizierung	Boeing 777
Ärztliche Bescheinigung	Klasse 1 – 31. Oktober 2014
Flugerfahrung	2813:42 Std.
Erfahrung auf dem Typ	39:11 Std.
Flugstunden innerhalb der letzten 24 Stunden	0:00 Std.
Flugstunden innerhalb der letzten 72 Stunden	0:00 Std.
Flugstunden innerhalb der letzten 7 Tage	28:47 Std.
Flugstunden innerhalb der letzten 28 Tage	51:17 Std.
Flugstunden innerhalb der letzten 90 Tage	158:46 Std.
Letzte Prüfung durch die Gesellschaft	22. Juli 2013 (A330)
Prüfung der Instrumentenfluglizenz	4. Dezember 2013 (A330)
Letzte Leistungsprüfung	26. Januar 2014
Letzte Beförderung	Erster Offizier auf B777 (4. November 2013)

Die Kabinencrew

Die Flugerfahrungen der Crewmitglieder reichen von 13 bis zu 35 Jahren. Eine Untersuchung ihrer MAS-Dienstakten zeigt, dass alle Bescheinungen gültig waren. Dazu gehören die Ausbildung in Sicherheits- und Notfallmaßnahmen, Crew-Ressourcenmanagement und Programme für Sicherheitsbewusstsein.

Die Schulungsmodule für die beiden letztgenannten Ausbildungsprogramme umfassen auch menschliche Faktoren. Die Flugzeitbelege, die vom Abfertigungsoffizier überprüft werden, zeigen, dass alle Mitglieder der Kabinencrew vor dem Flug gut ausgeruht waren.

Disziplinarische Maßnahmen

Es sind keinerlei bedeutenden disziplinarischen Maßnahmen gegen irgendeinen der Piloten oder ein Mitglied der Kabinencrew bekannt. Allerdings gab es einige geringfügige disziplinarische Probleme bei der Kabinencrew, deretwegen schriftliche Verwarnungen ausgesprochen wurden.

Finanzieller Hintergrund und Abdeckung durch Versicherungen

Der Kapitän hatte zwei Sparkonten und ein Girokonto, zwei staatliche Treuhandfondskonten (ASB und ASN) und ein gemeinsames Konto mit seiner Frau. Er verfügte über eine Kreditkarte und zahlte in den Vorsorgefonds für Angestellte ein. Es gibt keine Aufzeichnungen darüber, dass er eine Lebensversicherung abgeschlossen hätte. Auf eines seiner beiden Häuser, eines in Shah Alam, das andere in Subang Jaya, hatte er eine Hypothek aufgenommen und dafür eine Hypothekenversicherung abgeschlossen. Außerdem unterhielt er drei Fahrzeuge. Bei seinem Monatseinkommen und seinen Ausgaben waren keine Auffälligkeiten zu verzeichnen.

Der Erste Offizier hatte zwei Sparkonten und ein Treuhandfondskonto (ASB). Auch er zahlte in den Vorsorgefond für Angestellte ein. Er besaß zwei Autos und gab Geld für deren Unterhalt aus. Auf seinem Bankkonto waren nicht viele Ersparnisse. Er hatte eine Lebensversicherung sowie eine Hypothekenversicherung für einen Kredit abgeschlossen, für den eines seiner Autos als Sicherheit diente.

Auch einige Mitglieder der Kabinencrew hatten Kredite, wobei sich jedoch beim Vergleich des Monatseinkommens und der Ausgaben keine Auffälligkeiten zeigen. Es gibt auch keine Hinweise auf kürzlich erfolgte oder anstehende erhebliche finanzielle Transaktionen.

Krankengeschichte und Medikation

Der Kapitän war wegen geringfügiger Beschwerden behandelt worden. Am 5. Mai 2007 wurde bei ihm Arthrose festgestellt. Bei einem Gleitschirmunfall zog er sich am 28. Januar 2007 eine Verletzung der Wirbelsäule zu, nämlich einen Bruch des zweiten Lendenwirbels. Deswegen wurde er am 30. Januar 2007 in einer Privatklinik operiert. Am 5. Februar 2007 wurde er entlassen. Die Nachuntersuchungen nahm er wie angewiesen wahr, und Mitte 2007 wurde er wieder flugtauglich geschrieben. Daraufhin unterzog er sich regelmäßig alle sechs Monate medizinischen Untersuchungen, die für den Erhalt seiner Pilotenlizenz erforderlich waren. Es wurde berichtet, dass er unregelmäßig Schmerzmittel einnahm. Nach bestem Wissen der Untersuchungskommission unterlag er keinerlei regelmäßigen, langfristigen Behandlungen mit Medikamenten für irgendwelche chronischen Krankheiten.

Es liegen keinerlei Berichte über bedeutende gesundheitliche Probleme des Ersten Offiziers vor. Er ging regelmäßig zu den jährlichen medizinischen Untersuchungen, um seine Lizenz zu verlängern.

Nach den Unterlagen von Malaysian Airlines gab es keinerlei ungewöhnlichen gesundheitlichen Probleme bei der Kabinencrew. Die einzige Ausnahme bildet der »Inflight Supervisor«, bei dem am 9. Juni 2013 Krämpfe einsetzten, worauf er noch am selben Tag in eine Privatklinik eingeliefert und von einem Neurologen untersucht wurde. Am 14. Juni 2013 wurde er entlassen und kam danach zu den vereinbarten Nachuntersuchungen. Nach seiner Entlassung aus dem Krankenhaus hatte er keine weiteren Krampfanfälle mehr zu beklagen. Am 6. August 2013 wurde er für flugtauglich erklärt.

Psychische und soziale Situation

Der Kapitän zeichnete sich dadurch aus, gut mit Stress bei der Arbeit und im Privatleben fertig zu werden. Es gibt keine Anzeichen für Vorfälle von Apathie, Angstzuständen oder Reizbarkeit und keine erheblichen Änderungen in seinem Lebensstil, keine zwischenmenschlichen Konflikte oder familiären Belastungen.

In der Presse waren Geschichten über eine Familienkrise und eine bevorstehende Trennung zu lesen. Die Familie des Kapitäns hat diese Sensationsmeldungen jedoch dementiert. Offensichtlich waren es reine Erfindungen des britischen Boulevardblatts Daily Mail, das nicht gerade den Ruf hoher journalistischer Qualität genießt.

Gegen die Annahme eines Mitnahmesuizids spricht, dass die Täter das Flugzeug in den bekannten Fällen unmittelbar zum Absturz brachten – wie zuletzt beim Absturz des Germanwings-Airbus im März 2015 – und nicht erst stundenlang durch die Gegend flogen.

Verhalten

Weder im Verhalten des Kapitäns noch des Ersten Offiziers oder der Kabinencrew ließen sich Anzeichen von gesellschaftlicher Abschottung, veränderten Gewohnheiten oder Interessen, Vernachlässigung ihrer selbst, Drogen- oder Alkoholmissbrauch feststellen.

Die Aufzeichnungen der Überwachungskameras am Flughafen Kuala Lumpur vom 8. März 2014 wurden ausgewertet, um das Verhaltensmuster des Kapitäns und des Ersten Offiziers von Ihrem Eintreffen am Flughafen bis zum Betreten des Flugzeugs zu untersuchen.

Um ein Verhaltensmuster zu erkennen, wurden außerdem drei vorherige Aufzeichnungen von Überwachungskameras mit denen vom Flugtag verglichen. Diese drei anderen Aufzeichnungen zeigen den Kapitän auf dem Flughafen Kuala Lumpur am 3. März 2014 vor dem Flug nach Denpassar, am 26. Februar 2014 auf dem Weg nach Melbourne und am 21. Februar 2014 nach Peking.

Bei dem Vergleich ließen sich keine bemerkenswerten Änderungen im Verhalten erkennen. Auf allen vier Aufzeichnungen zeigte der Kapitän das gleiche Erscheinungsbild, d. h sehr gepflegt und gut gekleidet. Gangart, Haltung, Mimik und Angewohnheiten entsprachen seinen üblichen Eigenschaften.

Auch die Bewegungen des Ersten Offiziers am 8. März 2014 auf dem Flughafen Kuala Lumpur waren aufgezeichnet worden und wurden untersucht. Sein Verhaltensmuster zeigt ebenfalls keine auffälligen Veränderungen.

5 Das Flugzeug

Größere Reparaturen

Im Logbuch des Flugzeugs findet sich ein Eintrag vom 9. August 2012, nach dem die Spitze der rechten Tragfläche beim Rollen auf dem Flughafen in Shanghai beschädigt wurde. Das Flugzeug kollidierte dabei mit einem A340 der China Eastern Airlines, wobei die rechte Tragfläche in das linke Höhenleitwerk der anderen Maschine eindrang. Ein Teil der Tragflächenspitze wurde abgerissen und blieb im linken Höhenruder des Airbus stecken.

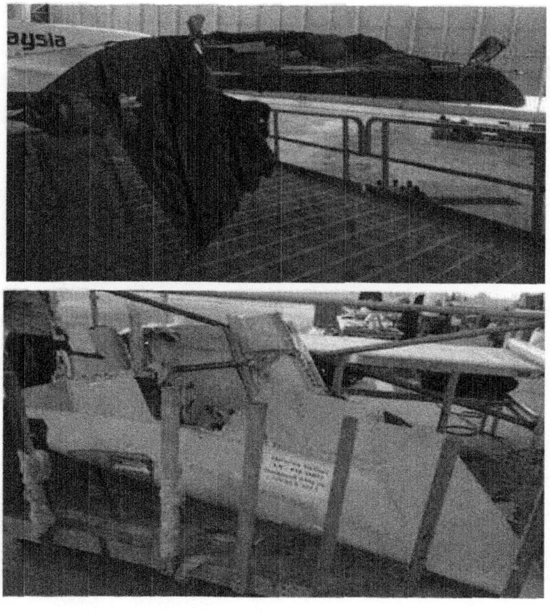

Abbildung 5.1: Beschädigungen an der Spitze der rechten Tragfläche

Vom 22. September bis zum 3. Oktober 2012 wurde der Schaden in der Boeing-Werkstatt in Shanghai von einem Boeing-Team repariert. Das Reparaturverfahren wurde von der malaysischen Zivilluftfahrtbehörde genehmigt.

Pflichtmeldungen

Eine Untersuchung der Pflichtmeldungen über Zwischenfälle (Mandatory Occurrence Reports, MORs) zeigte, dass für das Flugzeug nur eine einzige dieser Meldungen erfolgt war, nämlich die für die genannte Beschädigung der rechten Tragflächenspitze. Für die Flotte von insgesamt 17 Boeing 777 von Malaysian Airlines waren insgesamt 77 Pflichtmeldungen erfolgt, die sich hauptsächlich auf technische Probleme bezogen. Das Durchschnittsalter der B777-Flotte betrug am 1. März 2014 14,35 Jahre. Das Flugzeug von MH370 war 11,75 Jahre alt.

Zum Vergleich: Das Durchschnittsalter der Lufthansa-Flotte beträgt 10,7 Jahre (Stand Mai 2015). Bei der Venezolana sind die Maschinen im Schnitt 31,5 Jahre alt!

Richtlinien für die Flugtauglichkeit

Die von Malaysian Airlines bereitgestellten Wartungs- und Inspektionsberichte zeigen, dass das Flugzeug und die Triebwerke zum Zeitpunkt des Verschwindens alle entsprechenden Richtlinien für die Flugtauglichkeit voll erfüllten. Die jüngste Richtlinie war am 17. Januar 2014 ausgeführt worden. Es handelte sich dabei um die FAA-Richtlinie 2012-13-05 über die Ersetzung des Niederdruck-Sauerstoffschlauchs.

Am 29. Juli 2012 kam es beim Flug Egypt Air 667 aufgrund eines Fehlers in der Sauerstoffanlage zu einem Brand im Cockpit, glücklicherweise während sich das Flugzeug noch am Boden befand, sodass niemand ernsthaft zu Schaden kam. Ursache war die Verkabelung, die nicht nach den Spezifikationen von Boeing ausgeführt worden war. Eine Halterung fehlte und nicht ummantelte Kabel lagen herum, was zu einem Kurzschluss mit dem Edelstahl-Sauerstoffschlauch am Platz des Ersten Offiziers führte. Es stellte sich heraus, dass etwa 280 Flugzeuge mit diesem Fehler ausgeliefert worden waren. Da die Egypt-Air-Maschine die Seriennummer 28423 trug und MH370 die Nummer 28420, ist es sehr wahrscheinlich, dass auch das verschwundene Flugzeug zu dem betroffenen Los gehörte. Am 9. Januar 2012 gab Boeing die Anweisung aus, die Kabel nachträglich zu ummanteln. Die angesprochene Richtlinie vom 13. Mai 2012 verlangte, die Sauerstoffschläuche durch solche aus nicht leitendem Material zu ersetzen, um Kurzschlüsse zu verhindern. Es kann daher ausgeschlossen werden, dass sich an Bord von MH370 der gleiche Vorfall abspielte wie bei EA 667.

Befüllung des Sauerstoffsystems

Die Wiederbefüllung (Wartung) des Sauerstoffsystems für die Crew ist eine Routinetätigkeit, die ausgeführt wird, bevor der Druck auf den erforderlichen Mindestwert für den Start abfällt (21 bar bei 35 °C für eine 2-Mann-Crew und eine Zwei-Zylinder-Anlage wie auf den B777 der Malaysian Airlines).

Die letzte Wartung an dem Flugzeug wurde von einem zugelassenen Flugzeugingenieur und einem Mechaniker vorgenommen. Der Druck betrug noch 77 bar, und die Wartung verlief normal. Es gab kein Leck im Sauerstoffsystem, und der Druckabfall vom Sollwert 127 bar war nicht ungewöhnlich. Das System wurde wieder auf 124 bar aufgefüllt. Die Wartungsprotokolle zeigen, dass das System zuletzt am 14. Januar 2014 überprüft wurde.

Die Sauerstoffmaske verfügt über einen Mischregler, der normalerweise auf »Normal« steht. In dieser Stellung wird der Sauerstoff mit Umgebungsluft gemischt. Er kann aber auch auf »100 %« eingestellt werden, sodass reiner Sauerstoff ausgegeben wird. Steht die Kabine nicht unter Druck, wird jedoch auch in der Position »Normal« 100 % abgegeben.

Flughöhe 36.000 Fuß (ca. 11 km) Kabinendruck normal (entsprechend einer Höhe von 8000 Fuß (2400 m)		**Flughöhe 36.000 Fuß (ca. 11 km) Kabine ohne Druck**	
Anzahl Crewmitglieder	**Vorratsdauer (Stunden)**	**Anzahl Crewmitglieder**	**Vorratsdauer (Stunden)**
1	42	1	27
2	21	2	13
3	14	3	9
4	10,5	4	6,5

Der umfangreichste Sauerstoffvorrat nützt nichts, wenn der Pilot die Sauerstoffmaske zu spät aufsetzt. Schon bevor Bewusstlosigkeit auftritt, macht sich die verminderte Sauerstoffzufuhr durch eine Abnahme der geistigen Leistungsfähigkeit bemerkbar, die obendrein auch noch mit einer fatalen Selbstüberschätzung einhergeht (vergleichbar mit Betrunkenen, die fest davon überzeugt sind, immer noch Auto fahren zu können). Die sogenannte »Time of useful consciousness« (wörtlich »Zeit des nutzbaren Bewusstseins«), in der der Pilot noch handeln kann, nimmt mit zunehmender Flughöhe rapide ab:

Flughöhe (Fuß)	**Flughöhe (m)**	**Handlungsfähigkeit (Time of useful consciousness)**
15.000	4500	30 Minuten und mehr
25.000	7600	3–6 Minuten
35.000	10.700	30–60 Sekunden
40.000	12.200	15–20 Sekunden
50.000	15.200	6–9 Sekunden

Triebwerksüberwachung

Die Triebwerksüberwachung (Engine Health Monitoring, EHM) erfolgt durch den Hersteller Rolls Royce. Dabei werden vom Überwachungssystem für den Zustand des Flugzeugs (Aircraft Condition Monitoring System, ACMS) Momentaufnahmen der Triebwerksdaten über ACARS an Malaysian Airlines geschickt und von dort zur Analyse an Rolls Royce weitergeleitet. Dabei werden insbesondere die Temperatur des Turbinengases, die Wellendrehzahl, die Vibration der Welle, der Öldruck und die Öltemperatur übertragen.

Die Trendberichte des EHM-Systems über die letzten drei Monate, die Momentaufnahmen der Daten beim Start, beim Steigen und im Reiseflug enthalten, zeigen keine Hinweise auf ungewöhnliches Verhalten der beiden Triebwerke. Von Flug MH370 wurden noch zwei EHM-Berichte gesendet: ein Startbericht um 0:41 Uhr und ein Steigflugbericht um 0:52 Uhr. Die Übertragung der Berichte über ACARS erfolgt nicht unbedingt zum Zeitpunkt der Messung, sondern zu einem für die Übermittlung günstigen Zeitpunkt während des Fluges. Beide Berichte zeigen keinerlei ungewöhnliche Vorgänge in den Triebwerken. Das ACMS erstellt auch andere vordefinierte Berichte über die Triebwerke, darunter auch bei Überschreitung von Triebwerksparametern. Allerdings wurden während des Fluges keine EHM-Berichte aufgefangen.

CMCS

Das zentrale Wartungscomputersystem (Central Maintenance Computing System, CMCS) erfasst und speichert Informationen von fast allen Systemen des Flugzeugs. Dadurch kann es den Verlauf von Fehlern festhalten sowie verschiedene Systeme überwachen und Tests daran ausführen. Der Fehlerverlauf enthält detaillierte Angaben über Warnungen und Wartungsmeldungen.

Während des Fluges überträgt das CMCS in regelmäßigen Abständen aufgezeichnete Fehlermeldungen über ACARS an das Wartungszentrum von Malaysian Airlines. Das hilft dabei, die Beseitigung möglicher Mängel des Flugzeugs am Boden zu planen und vorzubereiten.

Das Protokoll der Wartungsmeldungen der letzten zehn Flüge wurde untersucht. Es waren dabei tatsächlich Meldungen übertragen worden, was zeigt, dass das CMCS vor dem letzten Flug funktionierte. Auf diesem Flug jedoch wurden keine Wartungsmeldungen gesendet.

Moderne Flugzeuge tauschen über verschiedene Systeme ständig Daten mit dem Boden aus. Neben ACARS, EHM und CMCS geistert in vielen Theorien jedoch auch der Begriff BUAP herum, der für *Boeing Uninterruptable Autopilot* steht. Es soll sich dabei um einen Autopiloten handeln, der vom Boden aus kontrolliert, an Bord aber nicht abgeschaltet werden kann. Dies soll angeblich dazu dienen, um ein Flugzeug im Falle einer Entführung unter Kontrolle zu halten. Verschwörungstheoretiker behaupten, dass diese Systeme heimlich in Verkehrsflugzeuge eingebaut worden wären, sodass Geheimdienste sie fernsteuern könnten. Angeblich wären sowohl das Verschwinden von MH370 als auch der Absturz von 4U9525 auf BUAP-Einwirkung zurückzuführen. Andere Verschwörungstheoretiker wiederum behaupten, dass der Verzicht auf den Einsatz des BUAP zur Rettung von MH370 ein Beweis dafür wäre, dass die CIA in den Fall verwickelt wäre.

Ein solches System existiert jedoch nicht. Bezeichnend ist in diesem Zusammenhang der Eintrag zu *Boeing Uninterruptible Autopilot* in der englischen Wikipedia. Auf der Diskussionsseite schreibt einer der Autoren: »Es gibt eine Menge mehr Informationen darüber, wie es tatsächlich funktioniert, die im Laufe der Zeit ergänzt werden, aber wir können nicht dafür garantieren, dass die Seite deswegen nicht gelöscht wird, da dies die Existenz des BUAP seit 1995 beweist. Die werden das nicht mögen.« Das ist eine typische Formulierung von Verschwörungsparanoikern, die ihren Mangel an Beweisen als Beweis dafür anführen, dass die Sache ganz fürchterlich geheim wäre. Die Quellen, die für den (sehr kurzen) Artikel genannt werden, sprechen für sich, nämlich unter anderem das berüchtigte britische Boulevardblatt Daily Mail und die Website *globalresearch.com*, die eine Plattform für absurde Verschwörungstheorien darstellt. Als vermeintlicher Beleg wird auch auf eine Webseite des angeblichen Herstellers Honeywell verwiesen – dort aber geht es in Wirklichkeit um das ganz normale Flight Management System, das zum Standard auf modernen Verkehrsflugzeugen gehört und nicht das Geringste mit einem BUAP zu tun hat.

Die ELTs

Notsignalsender (Emergency Locator Transmitter, ELT) geben über Funk digitale Signale ab, anhand derer das Flugzeug abgespürt werden kann.

Die ELTs kommunizieren mit dem weltweiten Cospas-Sarsat-Satellitensystem. Wenn sie aktiviert werden, senden sie ein Notsignal aus, das von den Satelliten empfangen werden kann und von diesen an die Bodenstationen weitergeleitet wird. Das Signal geht an die Flugüberwachungszentrale der jeweils zuständigen von weltweit sechs Regionen. Die Zentrale, in deren Bereich der indische Ozean fällt, wird von der australischen Seeverkehrsbehörde mit Sitz in Canberra unterhalten.

ELTs gehören zur Pflichtausrüstung an Bord von Flugzeugen. Kabinencrew und technisches Personal müssen eine Pflichtschulung in Sicherheits- und Notfallmaßnahmen erhalten und Auffrischungskurse besuchen. Zu dieser Schulung gehören auch der Betrieb und die Funktion der ELTs.

An Bord von MH370 waren vier ELTs installiert:

- Ein fester ELT an der Decke der hinteren Passagierkabine.

  Das Flugzeug war zunächst ohne festen ELT ausgeliefert worden. Dieses Bauteil wurde von Malaysian Airlines zwischen Dezember 2004 und Juli 2005 nachgerüstet. Ein Schalter in der hinteren Deckenkonsole im Cockpit dient zur Steuerung. Er ist in der Stellung ARMED (scharfgestellt) gesichert. Bei einem Notfall kann die Cockpitbesatzung ihn auf ON stellen.

  Der feste ELT wurde von ELTA France hergestellt und ist mit einer ungerichteten Blattantenne mit drei Frequenzen verbunden, die sich im Heck vor dem Seitenleitwerk befindet. Beim Eintreten einer plötzlichen Verzögerungskraft schaltet er sich selbst ein.

  Dieser ELT arbeitet auf einer Satellitenfrequenz von 406 MHz. Übertragen werden die Kennung des ELT, Herkunftsland und Registrierung des Flugzeugs. Des Weiteren werden Signale auf 121,1 MHz und 243 MHz gesendet, die von Empfängern in der Luft, auf See und am Boden aufgefangen werden können. Diese UKW-Frequnzen jedoch lassen sich nur in direkter Sichtlinie und auf geringe Entfernung auffangen.

  Das Ablaufdatum der Batterie war November 2014.

- Ein tragbarer ELT im Garderobenschrank rechts vorn in der Kabine, der gewöhnlich von der Kabinencrew genutzt wird.

  Dieses Gerät ist innerhalb des Schranks in einer Halterung montiert und baugleich mit dem festen ELT, verfügt jedoch über eine eigene Klappantenne. An der Vorderseite befindet sich ein Schalter, der normalerweise auf OFF steht und von der Kabinencrew auf ON geschaltet werden kann.

  Auch hier war als Ablaufdatum der Batterie November 2014 angegeben.

- Zwei ELTs in den Rettungsflößen an Tür 1 links und Tür 4 rechts.

  Diese ELTs stehen nur dann zur Verfügung, wenn die Rettungsflöße ausgebracht sind. Mit diesen Geräten ist keine Satellitenkommunikation möglich. Die Signale werden auf 121,5 MHz und 243 MHz übertragen und können von Empfängern in der Luft, auf See und am Boden aufgefasst werden.

  Der ELT wird automatisch scharfgestellt, wenn das Floß ausgebracht wird. Wenn der Wassersensor mit Wasser in Berührung kommt, wird der ELT automatisch aktiviert. Eine Aktivierung bei starker Verzögerung findet nicht statt.

  Diese ELTs stammen von der DME Corporation. Ihre Batterien laufen im August 2016 bzw. Mai 2017 ab.

Im Allgemeinen sind ELTs für die Verwendung auf der Wasseroberfläche oder in deren Nähe gedacht. ELT-Signale aus größeren Wassertiefen lassen sich nicht mehr empfangen. Der tragbare ELT ist mit einem Schwimmsystem ausgestattet, das sich beim Eintauchen ins Wasser einschaltet. Für eine wirkungsvolle Signalübertragung muss die Antenne des festen ELT über der Wasseroberfläche bleiben. Auch Beschädigungen am ELT, an seiner Verkabelung oder seiner Antenne, und die Abschirmung durch Wrackteile oder das Gelände können eine Übertragung verhindern oder die Signale abschwächen.

Eine Untersuchung von ICAO-Unfallberichten der letzten 30 Jahre zeigt, dass nur bei 39 von 173 Unfällen, bei denen ELTs an Bord waren, diese auch Wirkung zeigten. Nur 22,5 % der ELTs funktionierten also wie beabsichtigt.

ELT-Status	Anzahl der Fälle
Wirkungsvoll funktioniert	39
Batterie ausgefallen	14
Beschädigt	11
Interner Ausfall	5
Nicht aktiviert	22
Nicht mitgeführt	84
Untergetaucht	1
Vom Gelände abgeschirmt	1
Aus unbekannten Ursachen versagt	59
Sonstiges	21
Gesamt	**257**

Das Cospas-Satellitensystem war für die Search-and-Rescue-Teams bei zahlreichen Flugzeugunfällen weltweit sehr hilfreich. Trotz dieser Erfolge stellt die Erkennung von ELT-Signalen nach einem Flugzeugabsturz jedoch immer noch ein Problem dar. In mehreren Berichten wurden Fehlfunktionen beim Auslösen der Sender, eine Abtrennung der Sender von der Antenne oder eine Zerstörung des Senders festgestellt. Selbst wenn Sender und Antenne korrekt funktionieren, kann es sein, dass die Signale nicht ordnungsgemäß an die Satelliten übertragen werden.

ELTs können aufgrund eines Stoßes, wie er für Flugzeugabstürze charakteristisch ist, aktiviert werden, aber auch manuell durch die Besatzung. Die Anweisungen für den Flugbetrieb sehen jedoch keine Aktivierung der ELTs vor dem Eintreten eines Unfalls vor.

Das Cospas-System deckt nicht jederzeit die gesamte Erdoberfläche ab. Sender außerhalb des überwachten Gebiets können daher nicht sofort erkannt werden, sondern müssen so lange in Tätigkeit bleiben, bis ein Satellit wieder in Reichweite gerät.

Die Flugschreiber

Das Flugzeug war mit zwei aufprallgeschützten Flugschreibern ausgestattet, nämlich dem Flugdatenschreiber und dem Cockpit-Voicerecorder.

Der Flugdatenschreiber

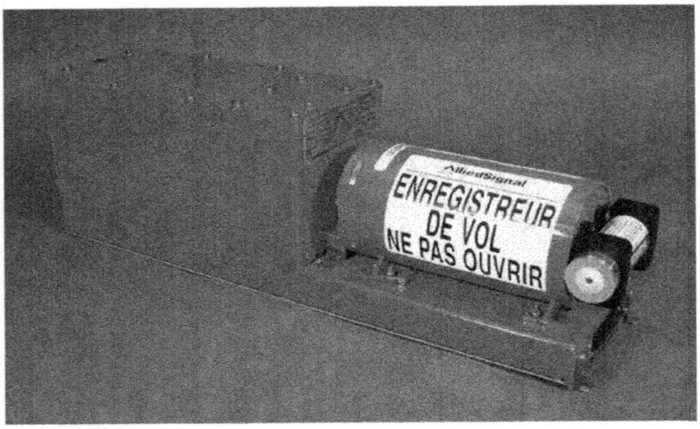

Abbildung 5.2: Der Flugdatenschreiber. Die berühmte »Blackbox« ist in Wirklichkeit rot.

Der Halbleiter-Flugdatenschreiber ist im hinteren Teil der Kabine oberhalb der Deckenverkleidung untergebracht. Er empfängt ausgewählte Daten von den verschiedenen Systemen und Sensoren des Flugzeugs und legt sie in einem aufprallgeschützten Halbleiterspeicher ab.

Das Aufzeichnungssystem ist in Betrieb, wenn eines der Triebwerke gestartet wird oder läuft, wenn Tests durchgeführt werden und wenn sich das Flugzeug in der Luft befindet. Versorgt wird es vom rechten Wechselstromkreis, der wiederum von den Triebwerksgeneratoren oder den Generatoren der APU (Auxiliary Power Unit, »Hilfsturbine«) gespeist wird. Wenn keiner dieser Generatoren funktioniert, weil weder ein Triebwerk noch die APU laufen, dann wird der Wechselstromkreis nicht beschickt, sodass der Flugdatenschreiber auch nicht arbeitet.

Bei der APU (Auxiliary Power Unit) handelt es sich um die Hilfsturbine, die als Stromgenerator dient, während sich das Flugzeug am Boden befindet und die Triebwerke nicht laufen. Sie befindet sich am Heck des Flugzeugs und ist anhand ihres »Auspuffrohrs« zu erkennen.

Der Flugdatenschreiber hat eine Speicherkapazität von mindestens 25 Stunden Daten. Er zeichnet mehr als 1300 Parameter im Verlauf der jeweils letzten 25 Stunden auf.

Das Gerät von der Firma Honeywell widersteht 6,5 ms lang Stößen bis zu 3400 g, 30 Minuten lang Temperaturen bis zu 1100 °C und funktioniert bis zu einer Wassertiefe von 6000 m.

Der Voicerecorder

Der Cockpit-Voicerecorder befindet sich neben dem Flugdatenschreiber oberhalb der Deckenverkleidung im Heck der Kabine.

Er hat eine Aufnahmekapazität von mindestens zwei Stunden in Standard- und von 30 Minuten in hoher Qualität. Dieses System zeichnet Geräusche im Cockpit und die Gespräche der Cockpitcrew in einem Halbleiterspeicher auf.

Vier Audiokanäle liefern Eingaben für den Voicerecorder. Die Kanäle 1 bis 3 stammen von der Audioeinheit und übertragen Tonsignale aus den Headsets der Crewmitglieder.

Jeder dieser Kanäle enthält alles, was direkt ins betreffende Mikrofon gesprochen wird, was über die Kopfhörer zu hören ist und was von der Seite ins Mikrofon gelangt.

Kanal 4 kommt vom Cockpitmikrofon.

Der Voicerecorder läuft immer, sofern Strom über den linken Wechselstromkreis verfügbar ist. Dieser Kreis wird nicht von Batterien oder der Staudruckturbine gespeist.

Die Staudruckturbine (Ram Air Turbine) ist ein Notsystem, das bei einem Ausfall aller Triebwerke aus dem Rumpf ausgeklappt wird, um durch den Fahrtwind Strom zu erzeugen. Damit wird dafür gesorgt, dass den Piloten wenigstens wieder die Instrumente und Steuereinrichtungen zur Verfügung stehen, um einen kontrollierten Gleitflug auszuführen. Ein bemerkenswerter Vorfall, bei dem dieses Notsystem zur Anwendung kam, ereignete sich im Juli 1983 über Kanada, als eine Boeing 767 aufgrund eines Berechnungsfehlers mit nur der Hälfte des erforderlichen Treibstoffs startete und vom Kapitän im Segelflug notgelandet werden musste. Die Geschichte dieses als »Gimli Glider« in die Annalen der Luftfahrt eingegangenen Fluges können Sie in dem Buch *Freefall*, erschienen bei Maven-Press® nachlesen.

Auch dieses Gerät stammt von Honeywell. Die Daten zur Widerstandsfähigkeit entsprechen denen des Flugdatenschreibers.

Unterwasser-Signalgeber

Beide aufprallgeschützte Flugschreiber sind vorschriftsmäßig mit Unterwasser-Signalgebern ausgerüstet, die mindestens 30 Tage lang auf der Frequenz 37,5 kHz senden. Sie arbeiten in Süß- und Salzwasser bis zu einer Tiefe von 6000 m und in einem Temperaturbereich zwischen -2,2 °C und 37,8 °C.

Die Batterie des Signalgebers für den Voicerecorder war noch bis Juni 2014 gültig, die für den Flugdatenschreiber jedoch bereits im Dezember 2012 abgelaufen. Es gibt eine gewisse Reserve, damit sichergestellt ist, dass die Batterie bis zum Ablaufdatum einwandfrei funktioniert. Danach ist aber mit einer Abnahme der Leistungsfähigkeit zu rechnen. Es ist durchaus wahrscheinlich, dass der Sender auch nach dem Ablaufdatum der Batterie noch gearbeitet hat, es kann jedoch nicht davon ausgegangen werden, dass er die vorgesehenen 30 Tage lang aktiv war. Außerdem ist es möglich, dass sich die Stärke oder die Frequenz des Signals ändern, wenn die Batteriespannung nachlässt.

Bei Befragungen des technischen Personals von Malaysian Airlines stellte sich heraus, dass das Wartungssystem EMS (Engineering Maintenance System) bei einem Austausch des Voicerecorders am 29. Februar 2008 nicht korrekt aktualisiert wurde. Es wurde nur der Ausbau der Einheit verzeichnet, aber nicht der Einbau einer *neuen*. Bei korrekter Eingabe in das Wartungssystem hätte es auf den anstehenden Austausch der Batterie hingewiesen. Dieses Versehen wurde erst nach dem Verschwinden von MH370 festgestellt, als technische Daten über die Signalgeber angefordert wurden. Malaysian Airlines führte daraufhin eine flottenweite Inspektion der Signalgeber durch, um sicherzustellen, dass die Einträge für alle anderen Flugzeuge auf dem richtigen Stand waren.

6 Die Fracht

Das Flugzeug beförderte 227 Passagiere mit einem Gesamtgewicht von 17.015 kg (bestimmt nach Richtwertetabellen), 3324 kg Gepäck und 10.806 kg Fracht. Das maximale Startgewicht betrug 223.469 kg.

Die Fracht setzte sich wie folgt zusammen:

Absender	**Inhalt**	**Gewicht in kg (netto)**	**Bestimmungsort**
Grolier SB, Balakong, Salangor	Fachbücher	2250	Peking
Motorola Solutions, Bayan Lepas, Penang	Lithium-Ionen-Batterien, Walkie-Talkie-Zubehör und Ladegeräte	2453	Motorola Solutions, Tian Jin
Panasonic Industrial Devices Sales, Shah Alam, Selangor	Elektrische Bauteile (Kondensatoren)	26	Continental Automotive Systems, Changchun
Freescale Semiconductor, Petaling Jaya, Selangor	Elektronische Fahrzeugchips	6	Continental Automotive Systems, Changchun
Agilents Technologies, Bayan Baru, Penang	Elektronische Messeinrichtungen	646	Agilents Technologies, Peking
Poh Seng Kian, Muar Johor	Frische Mangostanen	4566	Beijing Guang Chang Ming Trading, Peking
Malaysian Express Worldwide, Subang Jaya, Selangor	Kurierfracht, Dokumente	6	UPS Parcel Delivery, Peking

Tabelle 6.1: Frachtliste MH370

Von besonderem Interesse waren die Lithium-Ionen-Batterien und die Mangostanen.

Lithium-Ionen-Batterien

Die Lithion-Ionen-Batterien an Bord von MH370 stammen von Motorola Solutions in Penang. Von den insgesamt 2453 kg Fracht von Motorola entfallen nur 221 kg auf Li-Ion-Batterien. Bei dem Rest handelte es sich um Ladegeräte und Bauteile von Funkgeräten.

Die Batterien wurden am 7. März 2014 im Werk in Penang hergestellt und für den Export verpackt. Die Frachtkisten wurden auf Holzpaletten gestellt und von NNR Global Logistics an die MAS-Frachtabteilung in Penang geliefert und dann mit einem MAS-Lastwagen zum MAS-Frachtgutzentrum am Flughafen Kuala Lumpur gebracht. Die Lieferung passierte nicht die Sicherheitsüberprüfung in Penang, wurde aber vom MAS-Frachtpersonal physisch geprüft und durchlief die Zolluntersuchung und Abfertigung, bevor der Lastwagen versiegelt wurde und das Frachtgutzentrum in Penang verlassen durfte. Am Frachtgutzentrum des Flughafens Kuala Lumpur kam die Fracht am Abend des 7. März an und wurde ohne eine erneute Sicherheitsüberprüfung an Bord von MH370 verladen.

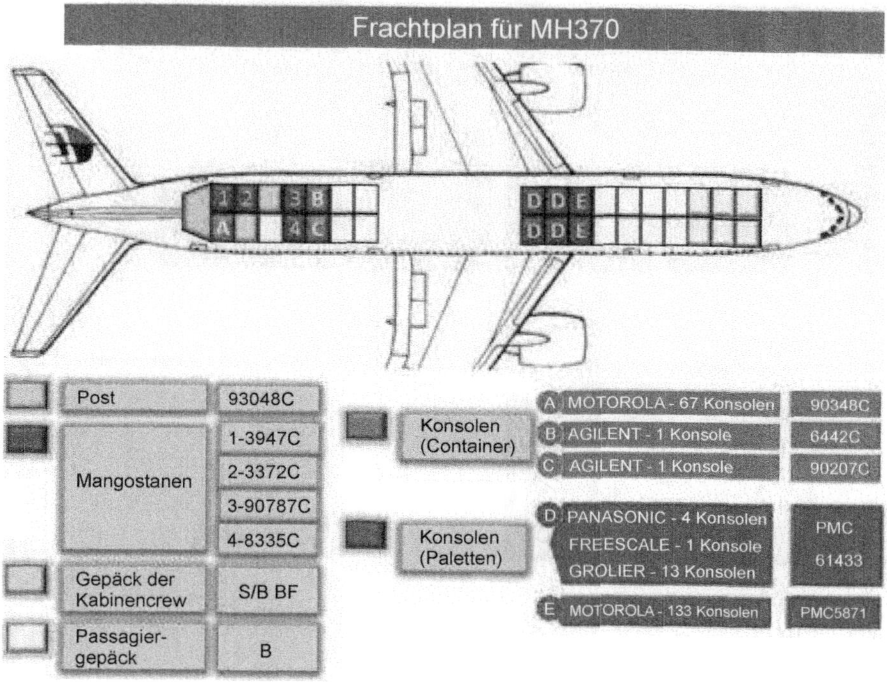

Abbildung 6.1: Platzierung der Ladung von Motorola Solutions

Es befanden sich zwei verschiedene Typen von Li-Ion-Batterien an Bord. Beide unterliegen *nicht* den Gefahrgutvorschriften, da die Verpackung den Richtlinien für die Handhabung von Lithiumbatterien entsprach. Diese Richtlinien beruhen auf den Vorschriften in den ICAO-Anweisungen für den sicheren Tarnsport von Gefahrgut im Luftverkehr (Ausgabe 2013/2014) und der 55. Ausgabe der Gefahrgutvorschriften der IATA.

Jede Li-Ion-Batterie wird in einer weißen Schachtel mit Fenster verpackt, von denen wiederum je zwei in eine braune Schachtel mit entsprechenden Warn- und Transporthinweisen gesteckt werden.

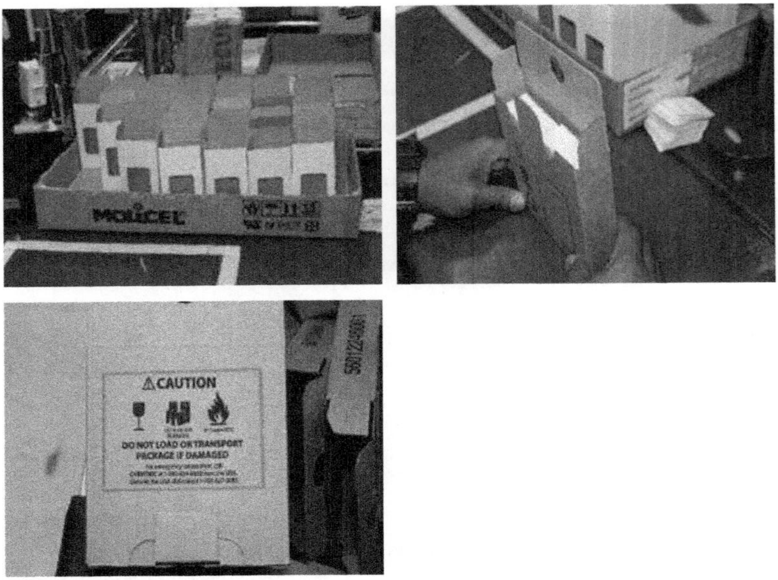

Abbildung 6.2: Verpackung der Batterien bei Motorola (1)

Je 12 braune Schachteln werden dann in einen größeren Karton gepackt, der also 24 Batterien enthält. Jeder dieser Kartons wird versiegelt und gewogen. Die Kartons werden anschließend auf Holzpaletten gestellt und mit Kunststofffolien eingeschlagen.

Abbildung 6.3: Verpackung der Batterien bei Motorola (2)

Von Januar 2014 bis Mai 2014 wurden auf Malaysian-Airlines-Flügen 99 Lieferungen von Li-Ion-Batterien nach Peking befördert.

Es sind mehrere Fälle bekannt, in denen es an Bord von Flugzeugen zu einem Brand aufgrund einer Überhitzung von Lithium-Batterien kam. Einer der bedeutendsten Fälle betraf Flug UPS 6 von Dubai nach Köln am 3. 9. 2010. Die Batterien befanden sich im vorderen Frachtraum unter dem Cockpit, und der Brand beschädigte nicht nur wichtige Steueranlagen, sondern rief auch eine so starke Rauchentwicklung im Cockpit hervor, dass die Piloten weder ihre Instrumente noch die Umgebung sehen konnten. Die Maschine stürzte schließlich in der Nähe von Dubai ab. Daraufhin wurden 36 neue Sicherheitsvorschriften erlassen. Die Luftverkehrsbehörde der USA (FAA) hat den Transport von Lithium-Batterien auf Passagierflügen sogar komplett untersagt. UPS nimmt Lithium-Batterien nur noch an Bord, wenn sie in feuerfeste Container verpackt sind (also nicht in Pappkartons auf Holzpaletten).

Die Mangostanen

Ungefähr 2500 kg der Früchte wurden in Muar geerntet, der Rest auf Sumatra. Sie wurden in Plastikkörben zu je 8 bis 9 kg verpackt, wobei jeweils ein wassergetränktes Schwammtuch auf den Früchten platziert wurde, um sie frisch zu halten. Anschließend wurden die Früchte auf Lastwagen verladen und zum MAS-Frachtgutzentrum am Flughafen Kuala Lumpur gefahren. Dort wurden dem Transportunternehmen von Mitarbeitern der Malaysian Airlines vier Einheitscontainer (ULD, Unit Load Device) zur Verfügung gestellt, in die die Früchte verladen wurden. Die Fracht wurde dann von der malaysischen Bundeslandwirtschaftbehörde untersucht. Nach der Freigabe übergab das Transportunternehmen die Fracht an die Mitarbeiter von Malaysian Airlines, um sie in dem Flugzeug zu verladen.

Die Herkunft der Mangostanen ist von den Ermittlern genau untersucht worden. Zu Anfang war behauptet worden, dass die Früchte aus einer Region stammten, in der zum fraglichen Zeitpunkt überhaupt keine Erntesaison war, was zu der Vermutung Anlass gegeben hatte, dass in Wirklichkeit etwas ganz anderes an Bord geschmuggelt worden wäre. Dies konnte durch die Ermittlungen jedoch ausgeschlossen werden.

Abbildung 6.4: Kunststoffkörbe mit Mangostanen

Flug MH370 hatte vier ULD-Container mit Mangostanen an Bord. Die Verteilung ist auf der folgenden Abbildung zu sehen.

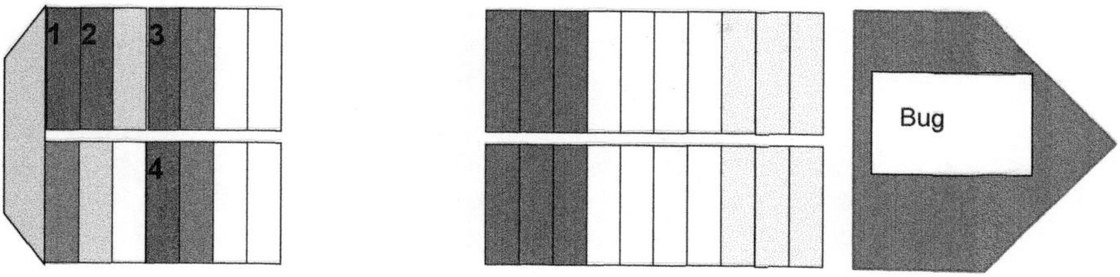

Abbildung 6.5: Die Platzierung der vier ULDs mit Mangostanen

Von Januar 2014 bis Mai 2014 wurden insgesamt 85 Lieferungen Mangostanen nach Peking befördert. In diesem Zeitraum wurden bei 36 Gelegenheiten gleichzeitig Mangostanen und Li-Ion-Batterien transportiert.

7 Der Fund von La Réunion

Das Wrackteil

Ende Juli 2015, also 16 Monate nach dem Verschwinden von MH370, wurde eine erste Spur des Flugzeugs gefunden, als auf der Insel La Réunion im Indischen Ozean ein Wrackteil angespült wurde. Es handelte sich dabei um ein sogenanntes »Flaperon«, das inzwischen eindeutig der Unglücksmaschine zugeordnet wurde.

Das Wort »Flaperon« ist eine Kombination aus *Flap* und *Aileron*, also Klappe und Querruder, da dieses Bauteil die Funktionen beider Einrichtungen ausübt. Klappen sind schwenkbare Elemente, die an der Vorder- oder Hinterkante von Tragflächen angebracht sind, um das Profil und damit den Luftwiderstand bzw. Auftrieb zu ändern. Während die sogenannten *Krügerklappen* am vorderen Tragflächenrand den Auftrieb erhöhen und daher beim Start zum Einsatz kommen, dienen die heckwärtigen Klappen meistens als *Landeklappen*. Sie werden beim Landeanflug ausgefahren, um den Luftwiderstand zu erhöhen und das Flugzeug zu bremsen.

Querruder sorgen dafür, dass das Flugzeug um seine Längsachse rollen kann, um bestimmte Steuermanöver zu unterstützen. Sie werden gegenläufig betätigt: Wird beispielsweise das Querruder an der Hinterkante der linken Tragfläche nach oben bewegt, so wird gleichzeitig das rechte Querruder nach unten abgeschwenkt. Durch die Unterschiede im Luftwiderstand neigt sich das Flugzeug dadurch zur linken Seite. So entsteht eine Schräglage, die erforderlich ist, um eine Linkskurve zu fliegen.

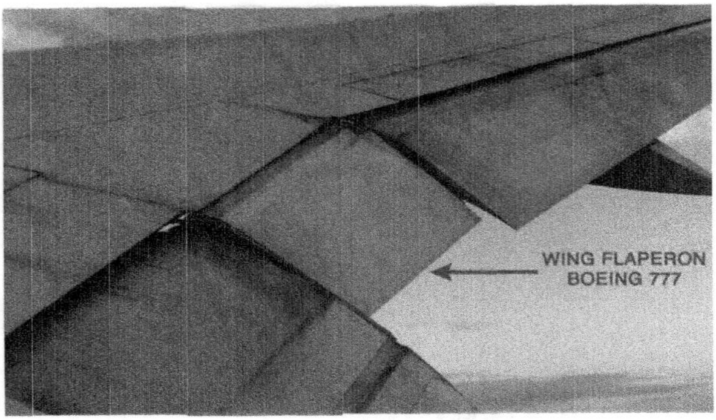

Abbildung 7.1: Flaperon einer Boeing 777

An Küsten wird ständig Müll angespült, und nach dem aufsehenerregenden Fund wurde bei zwei weiteren Stücken Strandgut zunächst ebenfalls angenommen, dass sie von MH370 stammen könnten, nämlich bei einem Koffer und einem Metallteil mit asiatischen Schriftzeichen. Die Untersuchung zeigte jedoch, dass das Metallstück von einer haushaltsüblichen Leiter stammte und dass der Koffer nicht lange genug im Wasser gelegen hatte, um von dem vermissten Flugzeug stammen zu können.

Gerüchte und Reaktionen

Kaum war das Wrackteil gefunden worden, meldeten sich in den Internetforen auch schon die ersten Verschwörungstheoretiker und selbsternannten Experten zu Wort. Nicht einmal ein renommiertes Nachrichtenmagazin wie Spiegel Online blieb verschont. Gleich der erste Kommentator verwendete das D-Wort: »Ist irgendwie komisch, wenn man die normale Strömung im indischen Ozean verfolgt, fließt die nördlich von Diego Garcia vorbei im Bogen Richtung Madagaskar. Man müsste mal genauestens die St[r]ömungsverläufe verfolgen, ob die Strömung das Flugzeugteil mitgenommen hat und wo andere Teile abgeblieben sind und ob es an seinem jetzigen Standort abgelegt wurde um uns Glauben zu machen, dass das Flugzeug in dieser Gegend abg[e]stürzt wurde.« (Dieser und die folgenden Kommentare von *http://www.spiegel.de/panorama/mh370-was-wir-zum-fund-auf-la-reunion-wissen-und-was-nicht-a-1046050.html.*)

Der letzte Satz macht deutlich, dass der Autor dieses Kommentars nicht verstanden hatte, was der Fund bei La Réunion bedeutete – nämlich dass das Wrackteil bis hierher getrieben war und nicht etwa, dass das Flugzeug bei der Insel abstürzte. Mit dieser völligen Fehleinschätzung stand er jedoch nicht allein.

Aber die »Experten« waren nicht nur nicht in der Lage, eine Pressemeldung zu verstehen, sondern zeichneten sich auch durch mangelnde Grundkenntnisse in Physik aus: »Ein Tragflächenteil aus Metall. Metall schwimmt nicht. [...] Also: Entweder gibt's eine saubere Erklärung ODER: Da hat jemand dran gedreht.«

Nachdem sich der Urheber dieses Kommentars belehren lassen musste, dass auch die Schiffe auf unseren Weltmeeren nicht aus Balsaholz bestehen, gab er nicht etwa klein bei, sondern setzte noch einen drauf: »Im Artikel stand nicht, dass das Teil hohl war. [...] Und selbst wenn es hohl war: Dann müsste dieses Teil vom Wasserdruck zusammengepresst worden sein [...]. Und wenn es mit Luft gefüllt war und luftdicht, dann ist es dafür konstruiert, bei geringem Aussendruck (große Flughöhe) intakt zu bleiben. Und nicht dazu kon[s]truiert, hohem Aussendruck standzuhalten.«

Die Vorstellungen, die sich diese Person von Flugzeugbau und von dem Unglück machten, sind völlig absurd. Ein Flugzeug, das über dem Ozean abstürzt, sinkt weder sanft ab, noch taucht es steil in die Tiefe, wo es vom Außendruck zerquetscht würde. Wasser erscheint uns sehr nachgiebig, aber wenn ein Flugzeug mit hoher Geschwindigkeit aufschlägt, leistet die Meeresoberfläche den gleichen Widerstand wie eine Betonfläche, sodass die Maschine zerschellt, wobei hohle Trümmerteile (wie das Flaperon) längere Zeit schwimmfähig bleiben können. Selbst eine kontrollierte Notwasserung ist mit einem Düsenflugzeug äußerst riskant und endet meistens damit, dass die Maschine auseinander bricht, insbesondere bei Modellen mit unter den Tragflächen angebrachten Triebwerken: Beim Aufprall reißen die Triebwerke leicht ab, was dazu führt, dass das Flugzeug herumgeschleudert wird und nicht mehr gelenkt werden kann. In der gesamten Geschichte der Luftfahrt sind Notwasserungen mit Flugzeugen dieser Bauweise nur zweimal ohne Personenschäden gelungen, nämlich 1968 vor San Francisco mit einer DC-8 der Japan Airlines und 2009 mit einem A320 auf dem Hudson River (siehe *Notlandung im Hudson River* von William Prochnau und Laura Parker, erschienen bei Maven Press).

Ein weiterer Kommentator verkündete so absurde Theorien über Flugzeugbau, dass man nur hoffen kann, seine Einlassung sei satirisch gemeint: »Wegen der Höhenstrahlung sind, um die empfindliche Elektronik zu schützen, alle Verkehrsflugzeuge mit 5 cm Blei ummantelt, daß das schwimmt glaube ich nicht, auch wenn alle Hohlräume um des besseren Auftriebs wegen mit Wasserstoffgas befüllt werden (darum darf man im Flugzeug nicht rauchen).«

Es gibt natürlich weder eine 5-cm-Bleiummantelung noch eine Befüllung mit Wasserstoffgas. Diese Beispiele zeigen deutlich, wes Geistes Kind die Personen sind, die sich im Internet mit immer neuen und immer absurderen Theorien überbieten. Wie sehr sie sich auch mit angeblichem Fachwissen, »scharfem Verstand« und »starker Kritikfähigkeit« brüsten, wie sehr sie sich über »eingebettete Journalisten« und »mediale Lügen« echauffieren – ein Blick hinter die Kulissen zeigt ihre Kläglichkeit.

Auch die Tatsache, dass bis zur eindeutigen Identifizierung des Wrackteils anhand einer Seriennummer fünf Wochen vergingen, hat Besserwisser im Internet dazu gebracht, hämisch über die Langsamkeit der Behörden herzuziehen oder eine Manipulation zu vermuten. Dabei wurde oft gesagt, dass gar keine anderen B777 verschollen sind, sodass das Flaperon zwangsläufig von MH377 stammen müsste, und dass es unmöglich so lange dauern könnte, eine Seriennummer abzulesen und mit den dokumentierten Daten zu vergleichen. Nachdem Luftfahrtexperten das Flaperon mit hoher Wahrscheinlichkeit als Teil einer B777 identifiziert hatten, war natürlich kaum anzunehmen, dass es von einer anderen Maschine stammte. Allerdings reicht Plausibilität im Fall einer kriminaltechnischen Untersuchung nicht aus. Bevor die Untersuchungsbehörden eine verbindliche Aussage machen – noch dazu in einem Fall dieser weltweiten Bedeutung! –, brauchen sie fassbare Beweise. Es ist in Wirklichkeit beruhigend zu sehen, dass die Behörden nicht vorschnell Mutmaßungen äußern, sondern Zurückhaltung üben. Angesichts des Zustands, den ein Wrackteil nach einer 16-monatigen Irrfahrt durch den Indischen Ozean hat, ist es auch nicht verwunderlich, dass das Auffinden einer noch ablesbaren Identifizierungsnummer Wochen gedauert hat. Nur mithilfe eines Endoskops konnte eine Seriennummer, die ein spanischer Subunternehmer im Inneren des Bauteils angebracht hatte, erkannt werden (*https://www.flightglobal.com/news/articles/reunion-debris-came-from-mh370-french-justice-minis-416379/*). Die lange Wartezeit ist ein Zeichen von Gründlichkeit und Gewissenhaftigkeit, nicht aber von Unfähigkeit oder gar bewusster Manipulation.

Man könnte sich über all die grotesken Wortmeldungen im Internet amüsieren, wäre da nicht der Gedanke an die Hinterbliebenen der Opfer von MH370. Insbesondere nach dem Fund des Wrackteils hat es Proteste von Angehörigen vor der Malaysian-Vertretung in Peking gegeben. Sie fordern, dass man ihnen endlich die »Wahrheit« sagt – wobei sie alle Beweise für den Tod ihrer Lieben nicht als Wahrheit werten, sondern sich an die vergebliche Hoffnung klammern, dass die Passagiere von MH370 noch lebten. Eine 62-jährige Chinesin, die ihre Tochter auf dem Flug verloren hat, demonstrierte mit dem Schild: »Mama wird immer auf dich warten, ich gebe nicht auf.« Laut Meldung der FAZ sagte sie: »Was dort berichtet wird, passt von hinten bis vorne nicht. Die Regierung in Malaysia will Fakten schaffen, wo es keine Fakten gibt.« (*http://www.faz.net/aktuell/gesellschaft/ungluecke/flug-mh370-die-wut-der-angehoerigen-13737266.html*)

Der englische *Guardian* berichtete: »Viele chinesische Verwandte von MH370-Passagieren haben die offiziellen Verlautbarungen immer wieder bezweifelt und ihrem Glauben Ausdruck verliehen, dass ihre Lieben noch leben und möglicherweise an einem unbekannten Ort festgehalten werden – trotz zunehmender Beweise für einen tödlich verlaufenen Absturz.« (*http://www.theguardian.com/world/2015/aug/07/mh370-protest-chinese-relatives-march-malaysian-embassy-demand-reunion-trip*)

Die Reaktionen der Angehörigen sind nachvollziehbar, und das aus zwei Gründen. Solange es keinen konkreten Beweis für den Tod eines nahen Angehörigen gibt, neigt der Mensch dazu, sich auch an die dünnste Hoffnung zu klammern, und angesichts der Zensur und Informationspolitik in China haben die Hinterbliebenen lernen müssen, offiziellen Verlautbarungen zu misstrauen.

So verständlich die Hoffnungen dieser Menschen auch sind, so sind sie doch irrational, und sie durch groteske Theorien zu nähren, nach denen das Flugzeug von Geheimdiensten entführt wurde und die Passagiere irgendwo gefangen gehalten werden, ist schlicht unverantwortlich. In einem Gespräch mit der Süddeutschen Zeitung erklärte der Notfallpsychologe Gerd Reimann: »Ständige Spekulationen sind für Angehörige extrem nervenaufreibend. Das Schlimmste ist, wenn sie Dinge aus der Presse erfahren, über sie zuvor noch nicht von ihren Kontaktpersonen gehört haben. Da kommt schnell die Vermutung auf, dass ihnen nicht alles gesagt wird; dass bewusst Informationen zurückgehalten werden.« (*http://www.sueddeutsche.de/panorama/verschollenes-malaysia-airlines-flugzeug-keine-hoffnung-nur-horror-1.1918719*)

Daher ist Zurückhaltung die angemessene Reaktion. Anstatt zu versuchen, sich durch vermeintlich »kritisches« Hinterfragen der Ermittlungsergebnisse zu profilieren, täten Journalisten und Kommentatoren besser daran, sich an die Fakten zu halten. Welche neuen Fakten aber bietet der Fund des Wrackteils auf La Réunion?

Entenmuscheln

Nachdem das Flaperon angespült wurde, ist ein Meerestier in die Schlagzeilen geraten, das dem Mitteleuropäer gewöhnlich unbekannt ist: die Entenmuschel. Spanienurlauber haben sie vielleicht schon einmal als *Percebes* auf dem Teller gehabt – zumindest Spanienurlauber mit etwas praller gefülltem Geldbeutel, denn diese Delikatesse ist äußerst kostspielig. Wenn Sie sie bei sich zu Hause zubereiten wollen (das Rezept finden Sie auf *http://www.spanien-reisemagazin.de/essen-und-trinken/rezepte/entenmuscheln.html*), können Sie sie zwar im Internet bestellen, müssen dabei aber tief in die Tasche greifen. Kleinere und qualitativ minderwertige Sorten werden zwar schon ab 20 Euro pro Kilogramm angeboten, aber bei den echten galizischen Percebes sind Preise um 150,- Euro pro Kilogramm keine Seltenheit (*zuzüglich* Versandkosten).

Abbildung 7.2: Entenmuscheln – nicht nur für Feinschmecker interessant

Die Entenmuschel ist jedoch nicht nur für Feinschmecker von Interesse, sondern auch für die Ermittler im Fall MH370.

Was genau ist eine Entenmuschel? Zunächst einmal handelt es sich dabei weder um eine Ente, noch um eine Muschel, sondern um ein Krebstier, auch wenn es völlig unkrebsartig aussieht. Der kuriose Name geht auf eine alte Legende zurück, nach der es sich bei diesen Tieren um die Früchte eines Baumes handeln soll. Wenn diese Früchte ins Wasser fallen, so heißt es, lebten sie dort zunächst in ihrer Form als Entenmuscheln, um sich schließlich in Gänse zu verwandeln. Mit viel Fantasie kann man in der Form einer Entenmuscheln tatsächlich etwas Schwimmvogelähnliches erkennen, wobei die Schale den Rumpf darstellt und der daraus hervorwachsende Fuß den gebogenen Hals. Auf dem Weg dieser Legende aus ihrer irisch-walisischen Heimat nach Deutschland sind aus den Gänsen schließlich Enten geworden.

Abbildung 7.3: Historische Darstellung

Die Entenmuschel gehört zur Klasse der Rankenfüßer, und ihre nächsten Verwandten sind die Seepocken, jene kleinen, kegelförmigen Gebilde, die Sie vielleicht schon einmal an angeschwemmtem Strandgut gesehen haben. Ebenso wie Seepocken haften sich auch Entenmuscheln an Steine, Schiffsrümpfe und Treibgut an, weshalb sie auch an dem Wrackteil zu finden waren.

Abbildung 7.4: Die als Entenmuscheln bezeichneten Krebstiere

Es gibt verschiedene Arten von Entenmuscheln, die jeweils in anderen Teilen der Weltmeere zu Hause sind. Unmittelbar nach dem Fund meldete sich der Kölner Paläontologe und Geologe Hans-Georg Herbig zu Wort, der auch eine Arbeit über Entenmuscheln verfasst hat, und erklärte, dass die Art der an dem Flaperon haftenden Rankenfüßer Rückschlüsse auf den Absturzort zuließe. Er habe auch bereits Kontakt mit Malaysian Airlines und den französischen Untersuchungsbehörden aufgenommen, aber noch keine Antwort erhalten (*http://www.faz.net/aktuell/feuilleton/forschung-und-lehre/wrackteil-der-mh370-hinweis-auf-absturzstelle/-dank-muscheln-13739227.html*).

Trotz der hohen Erwartungen, die Prof. Herbig mit seinem Untersuchungsvorschlag geweckt hat, ist die fehlende Reaktion der Untersuchungsbehörden verständlich, denn sehr genau ist die Entenmuschelmethode zur Ermittlung des Absturzortes nicht. Aufgrund der sehr gleichmäßigen Umweltbedingungen im Indischen Ozean gibt es nämlich nur eine einzige Art von Entenmuschel, die überhaupt einen Indiz auf den Absturzort liefern kann, und das auch nur sehr grob, nämlich *Lepas australis*, die die Gewässer in den gemäßigten Breiten bevorzugt. Im Gespräch mit der Süddeutschen schränkte Prof. Herbig auch schon ein: »Es muss nun untersucht werden, ob diese Art auf dem Wrackteil zu finden ist [...] Dann wäre das ein Hinweis darauf, dass das Flugzeug wirklich nach Süden geflogen ist und südwestlich von Australien abgestürzt sein muss.« (*http://www.sueddeutsche.de/panorama/suche-nach-mh-was-die-entenmuscheln-verraten-koennten-1.2597644*).

Mit anderen Worten: Sind Entenmuscheln der Art *Lepas australis* an dem Wrackteil vorhanden, befindet sich die Absturzstelle nicht in den Tropen, sondern südlich von 35° südlicher Breite. Das ist leider alles, was sich aus den Entenmuscheln schließen ließe. Dabei besteht auch noch das Problem, dass nicht alle an dem Flaperon haftenden Muscheln von der Absturzstelle stammen müssen, sondern auch während der 16 Monte währenden Drift durch den Ozean hinzugekommen sein können. Bei der Untersuchung muss daher genau zwischen den großen, älteren Exemplaren, die sich kurz nach dem Absturz angeheftet haben, und den kleineren, jüngeren unterschieden werden (*http://www.spiegel.de/wissenschaft/mensch/wissenschaft-soll-das-geheimnis-von-mh370-loesen-a-1046968.html*).

Obwohl die »Spur der Entenmuscheln« in der Presse stark aufgebauscht wurde, ist sie kaum brauchbar, um das Wrack zu lokalisieren. Bei einer anderen Methode, die ebenfalls für Aufsehen gesorgt hat, ging es um die Analyse der Meeresströmungen.

Meeresströmungen

Da die großmaßstäblichen Strömungen in den Weltmeeren konstant und gut bekannt sind, besteht die Möglichkeit, mithilfe einer Computersimulation den Weg von Treibgut von der Fundstelle zum Ursprungsort zurückzuverfolgen. Genau das haben die Forscher am Geomar Helmholtz-Zentrum für Ozeanforschung Kiel für das Flaperon von MH370 versucht.

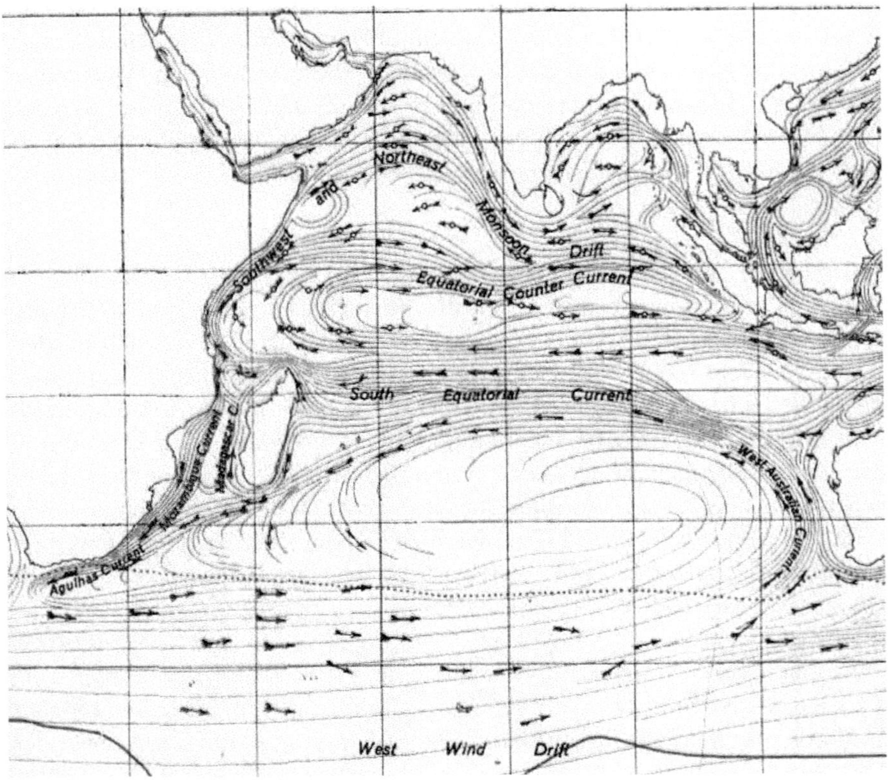

Abbildung 7.5: Strömungen im Indischen Ozean

Computersimulationen sehen auf dem Bildschirm wie bunte Grafiken aus. Dahinter stecken jedoch komplizierte mathematische Gleichungen, die den zu simulierenden Sachverhalt beschreiben, in diesem Fall also die Meeresströmungen. Nach der Eingabe der Koordinaten des Fundorts und der Eigenschaften des Wrackteils können die Computer zurückrechnen, um herauszufinden, woher das Trümmerstück stammt.

Leider ist das Ergebnis solcher Berechnungen nicht eindeutig. Auch wenn die Meeresströmungen konstant und bekannt sind, gibt es doch sehr viele Unwägbarkeiten. Die Gleichungen, die zur Beschreibung der Strömungsverhältnisse verwendet werden, stammen aus einem Gebiet der Physik, das als Hydrodynamik bezeichnet wird und einer exakten Erfassung nicht zugänglich ist. So heißt es im Online-Physiklexikon des Springer-Verlags: »Grundlage der Hydrodynamik ist die Navier-Stokes-Gleichung, die sich jedoch aufgrund der Nichtlinearität nur für wenige praktisch kaum relevante Grenzfälle lösen lässt. Innerhalb der einzelnen Gebiete werden daher in der Regel Sonderfälle absepariert, die zu einer wesentlichen Vereinfachung der abgeleiteten Gesetze führen [...].« (*http://www.spektrum.de/lexikon/physik/hydrodynamik/7018*) Einfach ausgedrückt, die grundlegenden Berechnungsformeln lassen sich nur dann lösen, wenn man zusätzliche Annahmen trifft und die Gleichungen dadurch sehr stark vereinfacht. Dadurch lassen sich immer noch erstaunlich gute Ergebnisse erzielen, allerdings schleichen sich dabei Unsicherheiten ein. Bei der Rückverfolgung des Weges, den das Flaperon über 16 Monate und Tausende von Kilometern zurückgelegt hat, summieren sich diese Unsicherheiten beträchtlich. Verlaufen die Strömungen nicht mehr gleichmäßig (»laminare Strömung«), sondern weisen sie Strudel und ähnliche Bewegungen auf (»turbulente Strömung«), gerät die Berechenbarkeit endgültig an ihre Grenzen: »Eine exakte meßtechnische Erfassung kann daher nur für laminare Strömungen erfolgen, während bei turbulenter Strömung nur statistische Kenngrößen ermittelt werden können. Ähnlich entziehen sich turbulente Strömungen in der Regel einer rechnerischen Behandlung [...].« (*Ebenda*)

Den Kieler Forschern als Spezialisten für Hydrodynamik sind diese Probleme natürlich bewusst. Daher haben sie nicht nur eine einzige Simulation gefahren, sondern zwei Millionen.

Aufgrund der Unwägbarkeiten der Strömungen führten diese zwei Millionen Testläufe natürlich nicht alle zu einem eindeutigen Koordinatenpunkt im Meer und nicht einmal in ein eng begrenztes Gebiet. Die errechneten Ursprungsorte dieser zwei Millionen simulierten Trümmerstücke (»Partikel«) verteilen sich auf eine riesige Fläche zwischen Sri Lanka und Australien. Bei solchen Massensimulationen geht man jedoch davon aus, dass es viele statistische »Ausreißer« gibt, weshalb viele der möglichen Herkunftsorte sehr unwahrscheinlich sind. Daher werden nur die Gebiete in die engere Wahl gezogen, aus denen 95 % aller Partikel stammen. Diese Fläche ist schon bedeutend kleiner und konzentriert sich vor allem auf eine Region östlich von Sri Lanka und einen breiten »Streifen« auf etwa 10° südlicher Breite.

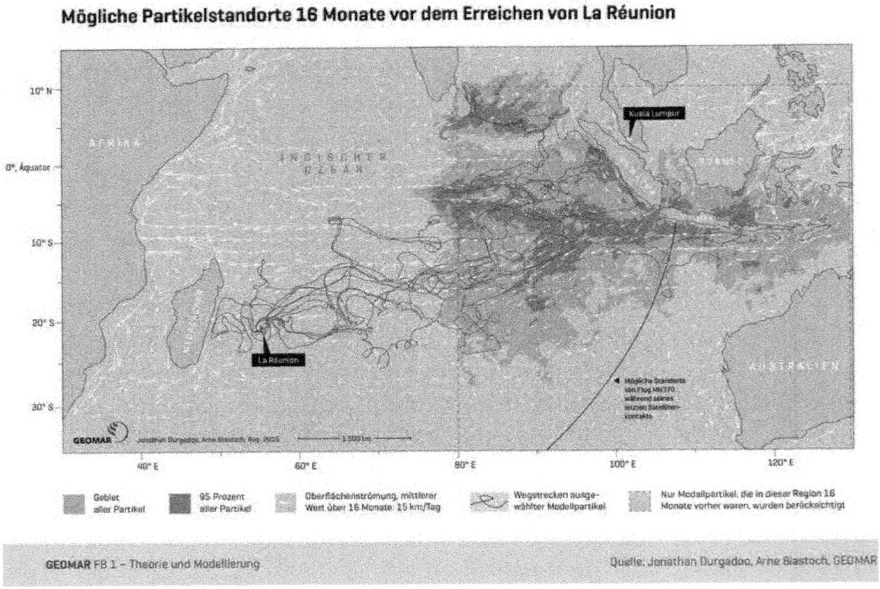

Abbildung 7.6: Mögliche Partikelstandorte aus Simulationen des Geomar Helmholtz-Instituts

Dieser »Streifen« schneidet die anhand der letzten Satellitenkontakte ermittelte mögliche Flugroute von MH370 südlich von Java. In der Presse wurde daher schon gemeldet, dass das Flugzeug wahrscheinlich vor Java abgestürzt sei und dass der Unglücksort etwa 3500 km nördlich des aktuellen Suchgebietes liege (*http://www.faz.net/aktuell/gesellschaft/ungluecke/mh370-wahrscheinlich-vor-java-abgestuerzt-13780069.html*)

Die Ergebnisse der Simulation sind jedoch mit Vorsicht zu genießen. In der von Geomar veröffentlichten Karte sind auch Beispiele der Reiserouten einiger der zwei Millionen Partikel eingezeichnet. Der verschlungene Verlauf dieser Wege vermittelt einen guten Eindruck von den Unwägbarkeiten, denen man sich bei hydrodynamischen Berechnungen gegenübersieht. Die beiden hauptverantwortlichen Geomar-Forscher, Dr. Jonathan Durgadoo und Prof. Arne Biastoch, äußern sich auch sehr zurückhaltend. »Unsere Ergebnisse zeigen, dass deswegen der momentane Fokus der Suche südwestlich von Australien zu weit südlich liegen könnte«, formuliert Dr. Durgadoo, und Prof. Biastoch ergänzt: »Weitere Wrackteile wären notwendig, um präzisere Aussagen treffen zu können.« (*http://www.geomar.de/news/article/wo-ist-mh370/*)

Beachten Sie den Konjunktiv in den Aussagen der beiden Wissenschaftler. Die Forscher haben diese vorsichtigen Formulierungen jedoch nicht nur aufgrund der üblichen Probleme bei hydrodynamischen Berechnungen gewählt. Eine weitere Einschränkung besteht darin, dass die bisherigen Simulationen nur die starken Meeresströmungen berücksichtigen, nicht aber Wellenschlag und Wind. Laut Aussage von Geomar arbeiten die Forscher daran, auch diese Einflüsse in ihre Berechnungen einzubeziehen, um klarere Aussagen machen zu können, was aber noch einige Wochen dauern wird.

Den australischen Behörden, die die Suche nach dem Wrack von MH370 organisieren, sind die Ergebnisse der Kieler Wissenschaftler nicht beweiskräftig genug. Sie halten weiterhin an dem bisherigen Suchgebiet fest, das durch die Daten der letzten Satellitenverbindungen gestützt wird, und haben nicht vor, die Suche 3500 km nach Norden zu verlegen, solange die Annahme der Geomar-Forscher nicht durch zusätzliche Belege unterstützt wird.

Was wissen wir?

Der Fund des Wrackteils hat große Hoffnungen geweckt, das Geheimnis um MH370 endlich lüften zu können. Viele neue Erkenntnisse gibt es jedoch nicht.

Eines ist sicher: MH370 ist abgestürzt. Nach dem Fund des Flaperons ist es ausgeschlossen, dass das Flugzeug irgendwo gelandet sein könnte. Verschwörungstheoretiker lassen sich aber auch durch den Fund des Wrackteils nicht von ihrer Lieblingsannahme (sei es eine Entführung nach Diego Garcia, Island, Kasachstan oder an welchen abseitigen Ort der Welt auch immer) abbringen. Für diese Personen ist jeder Gegenbeweis für ihre Theorie eine Fälschung und somit ein Beweis dafür, dass ihre Theorie einer Manipulation durch Geheimdienste korrekt ist.

Neben der Sicherheit, dass MH370 wirklich irgendwo im Indischen Ozean abgestürzt ist, gibt das Fundstück keine konkreten Hinweise auf die Vorgänge, die sich im März 2014 abgespielt haben. Auch die Spuren zur Absturzstelle sind mager. Die mangelnde Reaktion von Malaysian Airlines und der französischen Untersuchungsbehörden auf das Angebot von Prof. Herbig, die Entenmuscheln genauer zu untersuchen, und die Weigerung der Australier, ihre Suchaktionen in Richtung Java zu verlegen, sind von Kommentatoren im Internet als Sturheit, Besserwisserei und Konkurrenzdenken gewertet worden. In Wirklichkeit steckt dahinter jedoch gesunde Vorsicht.

Eine Untersuchung der Entenmuscheln kann nur sehr grobe Erkenntnisse über die vermutliche Absturzstelle bringen, und die französischen Behörden haben sicherlich eigene Meeresbiologen zur Hand, sodass sie nicht auf die Hilfe eines fachfremden Kölner Professors angewiesen sind. Die Berechnungen von Geomar sind zwar wissenschaftlich fundiert, aber – zumindest in der jetzigen Phase – wenig beweiskräftig. Die Forscher räumen selbst ein, dass zu einer Präzisierung der Ergebnisse weitere Arbeiten notwendig sind. Angesichts der Vielzahl unvorhersehbarer Einflüsse auf den Weg, den ein Wrackteil im Indischen Ozean im Verlauf von 16 Monaten nehmen kann, ist es kaum verwunderlich, dass die Bergungsmannschaften die Geomar-Daten mit Skepsis betrachten. Bemerkenswert ist in diesem Zusammenhang auch, dass die Ergebnisse der Kieler Forscher in der deutschen Presse verbreitet, international aber kaum zur Kenntnis genommen werden. Die Berechnungen sind nicht die Lösung des Problems, sondern nur eine Theorie von vielen.

Der Fund auf La Réunion ist ein Hoffnungsschimmer, eines Tages doch noch zu erfahren, was wirklich auf Flug MH370 geschah. Allerdings werden wir uns mit Geduld wappnen müssen. Am 2. August 1947 verschwand das Flugzeug *Star Dust* der BOAC spurlos in den chilenischen Anden, nachdem der Funker zuvor die mysteriöse Meldung STENDEC abgegeben und auf Rückfrage vom Tower zweimal bestätigt hatte. Das Wrack der Maschine wurde erst über 50 Jahre später am 23. Januar 2000 gefunden. Über die Bedeutung von STENDEC wird bis heute gerätselt. Hoffen wir, dass die Aufklärung des Falls MH370 weniger Zeit in Anspruch nehmen wird.

Teil 4

Nachwort

Was geschah nun wirklich mit MH370?

Bis heute kennt niemand die wahre Ursache dieser Katastrophe. Angesichts der Fakten können jedoch einige Theorien ausgeschlossen oder zumindest als äußerst unwahrscheinlich eingestuft werden.

Wilde Spekulationen führen zu nichts. Personen, die sich in abstruse Verschwörungstheorien verliebt haben, betrachten alles nur im Lichte dieser einen unbewiesenen Annahme. Dadurch nehmen sie sich selbst die Chance, neue Informationen aufzunehmen und zu verarbeiten. Kaum war das Trümmerstück auf La Réunion gefunden worden, schon sahen sich die Anhänger der Diego-García-Theorie zu der Behauptung veranlasst, dass die CIA das Wrackteil absichtlich dort platziert hätte (nach vorherigem sorgfältigen Ankleben der Entenmuscheln). Die verrückte Annahme, dass MH370 ein halbes Jahr später mit den Leichen der Crewmitglieder und Passagiere an Bord als MH17 über der Ukraine zum Absturz gebracht wurde, ist ein Schlag ins Gesicht der Angehörigen aller MH17-Opfer, die es nach dieser Behauptung gar nicht gegeben hätte. Die breite Diskussion über einen mutmaßlichen Mitnahmesuizid des Piloten ist, solange es keine konkreten Beweise für ein solches Verhalten gibt, eine Verleumdung des Toten und eine Beleidigung seiner Familie. In einem Artikel des Onlinemagazins Telepolis (*http://www.heise.de/tp/artikel/44/44512/1.html*) wurde sogar angedeutet, dass der Fall MH370 als »Vorbild« für den Amokpiloten gedient haben könnte. Wäre es ohne die Spekulationen um einen Mitnahmesuizid von Zaharie Shah zu der Katastrophe von 4U9525 gekommen?

Ein Rätsel wie das Verschwinden von MH370 regt naturgemäß zu Spekulationen an. Dabei dürfen wir eines jedoch niemals vergessen, nämlich dass es sich um nichts anderes als Spekulationen handelt. Jeder Mensch hat das Recht, seine eigenen Theorien aufzustellen, wie realistisch oder wie absurd sie auch erscheinen mögen. In der Öffentlichkeit wäre jedoch etwas mehr Zurückhaltung angebracht. Um die Wahrheit zu erfahren, müssen wir uns mit Geduld wappnen. Das Fundstück auf La Réunion gibt zumindest zu der Hoffnung Anlass, dass das Verschwinden von MH370 eines Tages aufgeklärt werden kann.

Abkürzungen

A/THR	Auto Thrust
ACARS	Aircraft Communication Addressing and Reporting System
ACM	Air Cycle Machine
ADF	Automatic Direction Finder
ADIRS	Air Data/Inertial Reference System
ADN	Aircraft Data Network
ADS	Automatic Dependent Surveillance
AFDX	Avionics Full Duplex
AFM	Aircraft Flight Manual
AFS	Automatic Flight System
AGL	Above Ground Level
ALT	Altitude
AP	Autopilot
APPR	Approach
APU	Auxiliary Power Unit
ATC	Air Traffic Control
ATIS	Automatic Terminal Information Service
ATM	Air Traffic Management
ATS	Air Traffic Services
ATSU	Air Traffic Service Unit
AUTO BRK	Automatic Brake
AVNCS	Avionics

BRG	Bearing
CAB	Cabin
CAPT	Captain
CDS	Control and Display System
CG	Centre of Gravity
CPDLC	Controller Pilot Data Link Communication
CPIOM	Core Processing Input/Output Module
CRM	Cockpit Resource Management
DIRTO	Direction To
DME	Distance Measuring Equipment
EBHA	Electrical Back-up Hydraulic Actuator
ECAM	Electronic Centralized Aircraft Monitoring
EFB	Electronic Flight Bag
EFIS	Electronic Flight Instrument System
EFOB	Estimated Fuel onBoard
EGPWS	Enhanced Ground Proximity Warning
EHA	Electro-Hydrostatic Actuator
ELEV	Elevation; Elevator
ETACS	External arid Taxiing Aid Camera System
EWD	Engine Warning Display
F	Minimum Flap Retract Speed
F/CTL	Flight Control
F/O	First Officer
FADEC	Full Authority Digital Engine Control
FANS	Future Air Navigation System
FAP	Flight Attendant Panel
FCOM	Flight Crew Operating Manual
FD	Flight Director
FL	Flight Level

FLS	FMS Landing System
FLX	Flexible
FMA	Flight Mode Annunciator
FMC	Flight Management Computer
FMS	Flight Management System
FOB	Fuel on Board
FTAC	Fin Taxi Aid Camera
FTO	Flexible Take-Off Thrust
FWC	Flight Warning Computer
FWS	Flight Warning System
GA	Go-Around
GND	Ground
GNSS	Global Navigation Satellite System
GPIRS	GPS Inertial Reference System
GPS	Global Positioning System
GPWS	Ground Proximity Warning System
GS	Ground Speed
HDG	Heading
IAS	Indicated Airspeed
ICAO	International Civil Aviation Organization
IGN	Ignition
ILS	Instrument Landing System
INS	Inertial Navigation System
IRS	Inertial Reference System
KCCU	Keyboard and Cursor Control Unit
LAAS	Local Area Augmentation System
LDA	Performance Landing Application
LORAN	Long Range Navigation
MAC	Mean Aerodynamic Chord
MCT	Maximum Continuous Thrust

MEL	Minimum Equipment List
MFD	Multifunction Display
MLW	Maximum Landing Weight
MORA	Minimum Off Route Altitude
MTOW	Maximum Take Off Weight
NDB	Non-Directional Beacon
OANS	On-Board Airport Navigation System
OAT	Outside Air Temperature
OIT	On-Board Information Terminal
OMT	On-Board Maintenance Terminal
PBN	Performance Based Navigation
PF	Pilot Flying
PFD	Primary Flight Display
PNF	Pilot Non Flying
QNH	Luftdruck auf Meereshöhe
RAT	Ram Air Turbine
RMP	Radio Management Panel
RNAV	Area Navigation
RNP	Required Navigation Performance
RTO	Rejected Take-Off
RVSM	Reduced Vertical Separation Minimum
SID	Standard Instrument Departure
SQWK	Squawk
SRS	Speed Reference System
STAR	Standard Terminal Arrival Route
TACS	Taxiing Aid Camera System
TAS	True Airspeed
TCAS	Traffic Alert and Collision Avoidance
TERR	Terrain
TFLEX	Flex Temperature

THR	Thrust
THS	Trimmable Horizontal Stabilizer
TOGA	Take-Off/Go-Around
TOPA	Take-Off Performance Application
TOW	Take-Off Weight
UTC	Universal Time Coordinated
V/S	Vertical Speed
VHF	Very High Frequency
VOR	VHF Omnidirectional Range
WAAS	Wide Area Augmentation System
WPT	Waypoint
XPDR	Transponder
ZFW	Zero Fuel Weight

NOTLANDUNG IM HUDSON RIVER

Was geschah auf Flug 1549? Passagiere und Augenzeugen rekonstruieren die sensationelle Notwasserung von Flugkapitän Sullenberger

William Prochnau und Laura Parker

320 Seiten mit farbiger Übersichtskarte
ISBN 978-3-941719-02-6 • € 19,90

Protokoll einer Katastrophe mit Happy-End

Wie ist es eigentlich, einen Flugzeug-Crash mitzuerleben? Zusammen mit dem renommierten Vanity Fair-Autor William Prochnau haben die Überlebenden der Notwasserung eines Airbus A320 in New York das Ereignis minutiös aufgearbeitet. Auf 320 Seiten erleben Sie in den Schilderungen der Augenzeugen selbstlose Rettungsaktionen, Menschen, die über sich hinauswachsen, aber auch desorientierte Passagiere, aufgeregtes Kabinenpersonal und das Chaos beim Notausstieg ins eisige Wasser.

FREEFALL

Flughöhe 12000 m – und leere Tanks

William und Marilyn Hoffer

304 Seiten, ausklappbare farbige Übersichtskarte
ISBN 978-3-941719-06-4 • € 19,90

Die Geschichte von Air Canada-Flug 143

Im Juli 1983 bricht i n Kanada eine Boeing 767 aufgrund eines Berechnungsfehlers mit nur der Hälfte des erforderlichen Treibstoffs zu einem Transkontinentalflug auf. In 12.000 m Höhe fallen auf halber Strecke beide Triebwerke aus. Der 130 t schwere, hypermoderne Airliner ist zu einem Segelflugzeug geworden, das rasch an Höhe verliert. In einer scheinbar ausweglosen Situation treffen die beiden Piloten eine wagemutige Entscheidung.

AM STEUER DES AIRBUS A380

ca. 160 durchgehend farbige Seiten mit zahlreichen Fotos
ISBN 978-3-941719-07-1 • € 19,90

Ein Gigant hautnah

Am Steuer des Airbus A380 zeigt Ihnen aus der Sicht des Piloten, wie es ist, diese riesige Maschine zu fliegen. Dieses Buch wurde von einem erfahrenen A380-Kapitän verfasst und nimmt den Leser mit auf einen Flug von London nach Dubai. Dabei begleiten Sie die Cockpitbesatzung bei allen Tätigkeiten auf dieser Reise: von der Planung der Flugstrecke über die Vorflugkontrolle, den Steig- und Reiseflug bis zum Abschalten der Triebwerke in der Parkposition am Ziel Dubai, viele tausend Kilometer vom Start entfernt.